2016 中国碳市场报告

国家应对气候变化战略研究和国际合作中心
清洁发展机制项目管理中心（碳市场管理部） 著

中国环境出版社 · 北京

图书在版编目（CIP）数据

2016 中国碳市场报告/国家应对气候变化战略研究和国际合作中心清洁发展机制项目管理中心（碳市场管理部）著. —北京：中国环境出版社，2016.4

ISBN 978-7-5111-2745-7

Ⅰ. ①2… Ⅱ. ①国… Ⅲ. ①二氧化碳—废气排放量—市场分析—研究报告—中国—2016 Ⅳ. ①X510.6

中国版本图书馆 CIP 数据核字（2016）第 058632 号

出 版 人 王新程
责任编辑 李卫民
责任校对 尹 芳
封面设计 岳 帅

出版发行 中国环境出版社
（100062 北京市东城区广渠门内大街 16 号）
网 址：http://www.cesp.com.cn
电子邮箱：bjgl@cesp.com.cn
联系电话：010-67112765（总编室）
010-67112735（第一分社）
发行热线：010-67125803，010-67113405（传真）
印 刷 北京中科印刷有限公司
经 销 各地新华书店
版 次 2016 年 4 月第 1 版
印 次 2016 年 4 月第 1 次印刷
开 本 787×1092 1/16
印 张 12.75
字 数 200 千字
定 价 40.00 元

前言

碳排放权交易是基于市场机制的温室气体减排措施，是促进经济发展方式转变、低碳经济转型和破解能源环境约束的重要举措。中国十分重视碳排放权交易体系的建立和实施，2015 年党和政府进一步加强了对全国碳市场建设的要求。《中共中央国务院关于加快推进生态文明建设的意见》《生态文明体制改革总体方案》均对深化碳排放权交易试点、建设全国碳排放权交易体系做出要求；中共中央十八届五中全会明确要求在我国推行碳排放权初始分配制度。2015 年 9 月，习近平主席和奥巴马总统会见并签署《中美气候变化联合声明》，宣布中国计划在 2017 年建立全国碳排放交易体系。2015 年 11 月召开的气候变化巴黎大会上，中国再次表示 2017 年将建立全国碳排放权交易市场。

2015 年是碳交易试点建设的第四年，也是试点碳市场启动以来的第二个履约年。7 个试点省市在构建政策法规体系、排放配额分配和管理、排放测量报告与核查、交易和履约管理、能力建设等方面进行了大量探索性、细致和卓有成效的工作，取得了良好的社会、环境和经济效益，并为国家碳排放权交易制度建设积累了宝贵经验。

2015 年还是全国碳排放权交易体系建设的关键之年。国家开展了全国碳排放权交易市场机制顶层设计，在政策法规体系建设、排放配额分配、排放测量报告与核查体系建设、注册登记系统建设和能力建设等方面进行了大量的研究和准备工作。碳交易试点的进一步深化以及全国碳排放权交易市场建设和实施，将使控制温室气体排放从单纯依靠行政手段逐渐向更多地依靠市场力量转化，并利用市场对资源配置的优化作用，实现全社会以低成本减少温室气体排放。

国家应对气候变化战略研究和国际合作中心清洁发展机制项目管理中心（碳市场管理部）从碳交易试点工作启动之初就开始跟踪调研试点地区

碳排放权交易市场建设情况，旨在分析和总结碳交易试点经验与教训，并为全国碳排放权交易市场建设建言献策。在此研究基础上，结合2015年全国碳市场建设、中国自愿减排交易以及国际碳市场进展情况，我们形成了《2016中国碳市场报告》。

全书由郑爽策划并统稿，分为五章。第一章阐述了利用市场机制助推中国向低碳经济转型的必要性和重要意义，由郑爽和王际杰撰写；第二章介绍了全国碳市场建设的进展情况，由张昕和郑爽撰写；第三章回顾了七省市碳交易试点政策及市场运行情况，由郑爽、刘海燕、张敏思、王际杰、田巍、蒙天宇、侯士彬、孙峥、窦勇、黄潇逸撰写；第四章介绍了中国温室气体自愿减排交易市场的进展情况，由张昕、田巍和窦勇撰写；第五章对2015年国际碳市场的运行情况进行了总结，由蒙天宇、张敏思、刘海燕和田巍撰写。

在本书的研究和编写过程中，我们得到了国家发展改革委应对气候变化司、试点地区发展改革委、各地区交易所（中心）、科研单位、第三方核查机构、遵约企业以及彭博新能源财经新闻等的大力支持和指导。在此对上述机构的领导、专家和工作人员表示衷心感谢！

由于作者研究水平有限，书中难免出现不当和错漏之处，敬请广大读者批评指正。

作　者

2016年3月20日于北京

目　录

第一章 利用市场手段助推低碳转型

改革开放以来，中国经济实现了长期、稳定的高速增长，取得了举世瞩目的成就。但传统的粗放式经济发展模式对能源和资源依赖度高，形成了以高消耗、高排放和高污染为特征的不可持续的经济发展路径。以低能耗、低排放、低污染为基础，以技术创新和制度创新为核心，以提高能源利用效率和创建清洁能源结构为目标的低碳经济发展模式[①]是实现我国经济社会可持续发展的必然选择，也是全球气候环境合作的要求。发挥市场对与碳相关的资源和环境的有效配置和利用，以市场机制推动节能减排，发掘中国巨大的减排潜力，是实现中国低碳经济转型的重要手段。

一、我国经济发展与能源消费

改革开放以来，中国经济发展取得了巨大成就，实现了长期、稳定的高速增长。据国家统计局数据，1995—2014 年，中国国内生产总值（GDP）从近 6.1 万亿元人民币增长到 63.6 万亿元人民币[图 1-1（a）]，实际年均增长率约 9.5%。中国成为世界第二大经济体，GDP 占全球经济总量的 15%，对全球经济增长的贡献达 25.8%，是世界经济增长的重要引擎。但中国仍然是全球最大的发展中国家，贫困人口众多，人均 GDP 仅为 7 590 美元，低于世界平均水平[图 1-1（b）]。

中国正处于工业化、城镇化的进程中，第二、三产业的快速发展成为我国 GDP 增长的重要驱动力。2014 年，我国第二、三产业增加值占 GDP 比重分别为 42.8%和 48.1%，在产业结构不断优化与调整背景下，第三产业

① 见周生贤为《低碳经济学》（张坤民、潘家华和崔大鹏著）所做序言。

对 GDP 增长的贡献率日益上升[图 1-1（a）]。

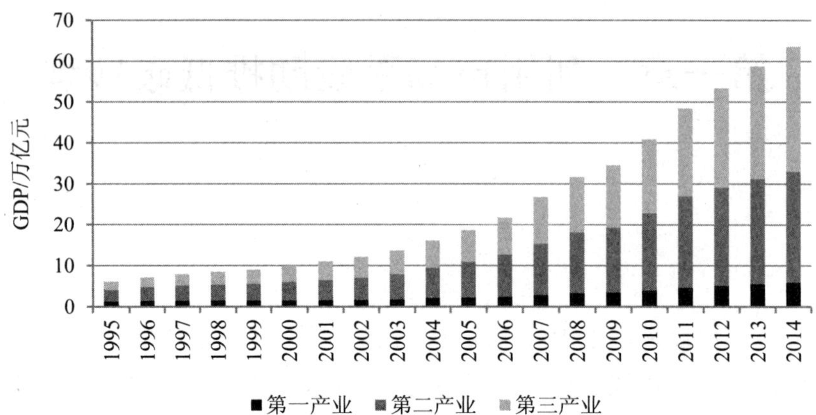

图 1-1（a） 1995—2014 年我国 GDP 增长情况

数据来源：国家统计局。

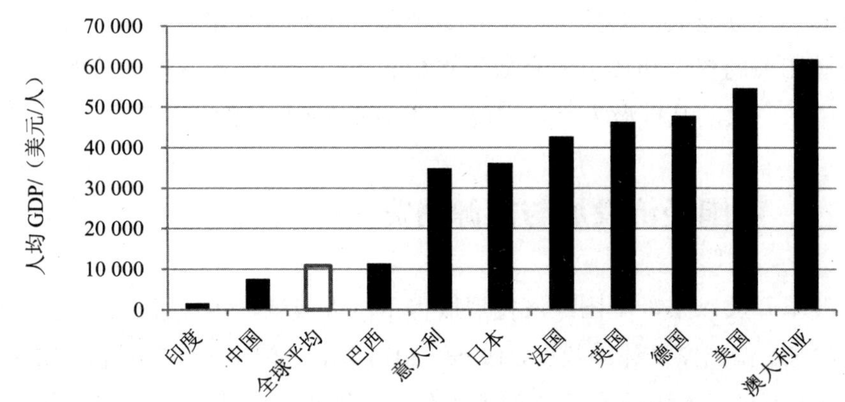

图 1-1（b） 2014 年世界人均 GDP 对比情况

数据来源：世界银行。

伴随着经济总量的快速增长，我国能源消费总量不断扩大，增速显著（图 1-2）。2000—2014 年，能源消费量从近 14.7 亿吨标准煤增长至 42.6 亿吨标准煤，年均增长率超过 7.8%。2014 年中国大陆地区一次能源消费量已占全球能源消费总量的 23%[①]。

① 来源：《BP 世界能源统计年鉴 2015》。

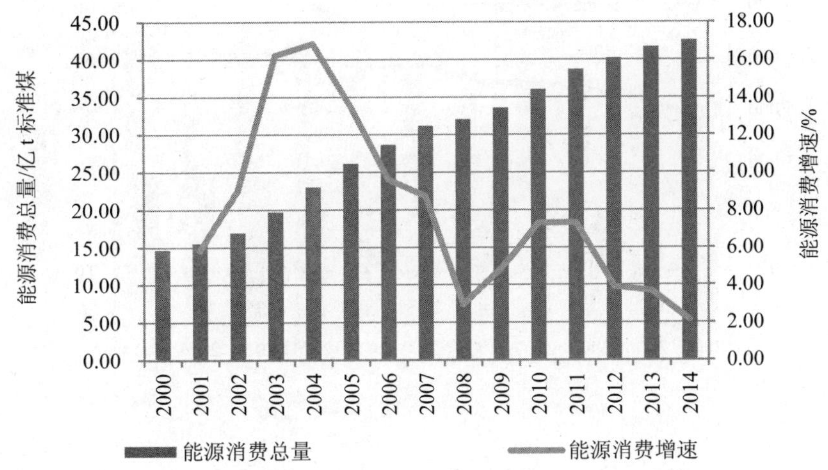

图 1-2　2000—2014 年我国能源消费情况

数据来源：《中国能源统计年鉴 2015》，采取发电煤耗计算法。

我国能源消费以煤炭为主，长期以来，煤炭消费占比维持在 70%左右，煤、油、气总比重基本都超过了 90%[图 1-3（a）]，远超同期全球煤炭消费水平。2004 —2014 年，中国煤炭消费逐年上升，占全球煤炭总消费量的比重持续增大，2011 年以来，50%以上的世界煤炭消费发生在中国[图 1-3（b）]。

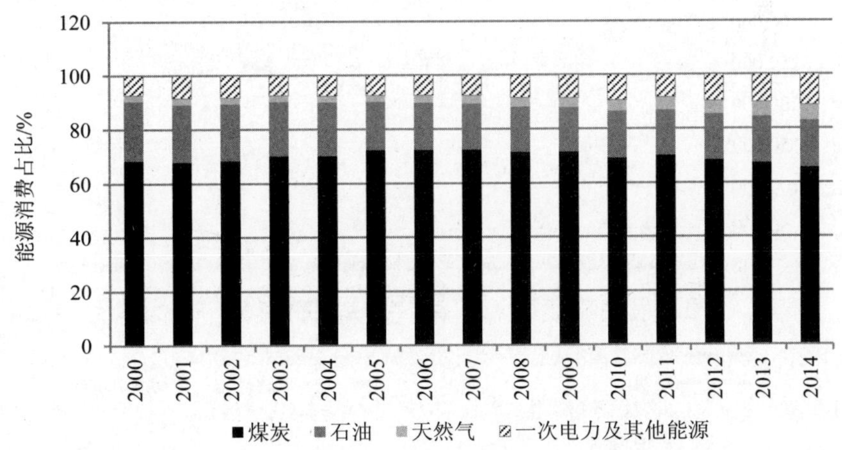

图 1-3（a）　1995—2014 年我国能源结构变化

数据来源：《中国能源统计年鉴 2015》。

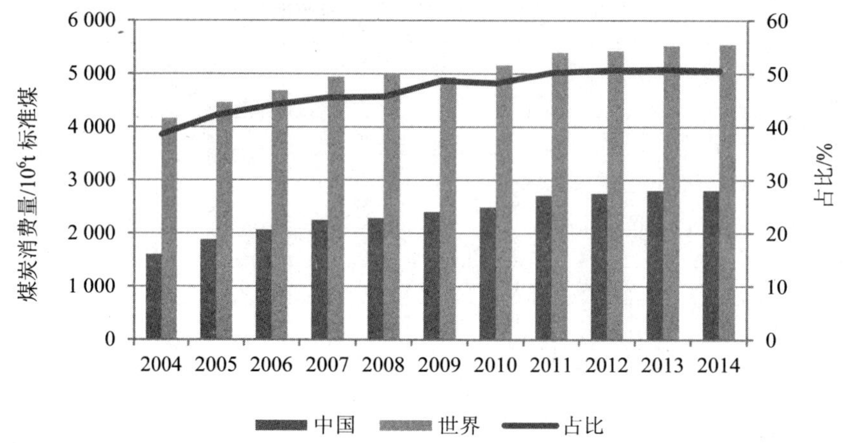

图 1-3（b） 2004—2014 年我国煤炭消费情况

数据来源：《BP 世界能源统计年鉴 2015》。

工业部门是最主要的能源消费部门，消费量持续增长。根据国家统计局数据，2014 年工业部门能源消费量为 29.6 亿吨标准煤，约占当年全国能源消费总量的 69%。以交通运输等行业为主的第三产业发展迅速，能源消费逐年上升，然而相比第二产业（71%）占比仍较低（图 1-4）。工业部门中能源消费总量大于 1 亿吨标准煤的行业能源消费情况见表 1-1。

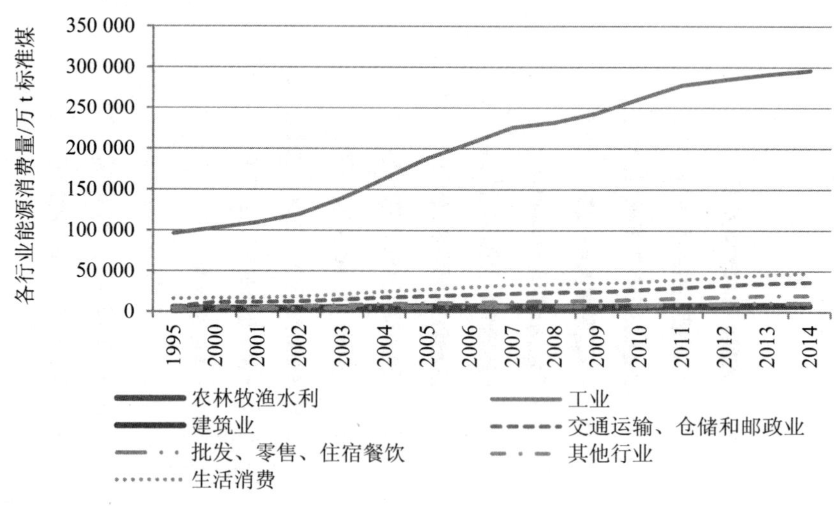

图 1-4 1995—2014 年我国各行业能源消费情况

数据来源：《中国能源统计年鉴 2015》。

表 1-1　我国工业部门中主要耗能行业及能源消费量（2014 年）

行业名称	能源消费量/万 t 标准煤	占工业部门能源消费量的比例/%
煤炭开采和洗选业	13 080	4.4
有色金属冶炼及压延加工业	17 510	5.9
石油加工、炼焦及核燃料加工业	20 217	6.8
电力、热力的生产和供应业	25 674	8.7
非金属矿物制品业	36 592	12.4
化学原料及化学制品制造业	47 528	16.1
黑色金属冶炼及压延加工业	69 342	23.5
其他工业行业	65 743	22.2

我国人均一次能源消费量增速较快，从 2000 年的 1.2 吨标准煤增长至 2014 年的 3.1 吨标准煤，年均增长率约 7.3%[图 1-5（a）]。我国人均能源消费量已高于同期全球平均水平 21.1%[图 1-5（b）]，但仍明显低于发达国家水平，仅为经济合作与发展组织（OECD）平均水平的 50.2%，美国的 30%左右。

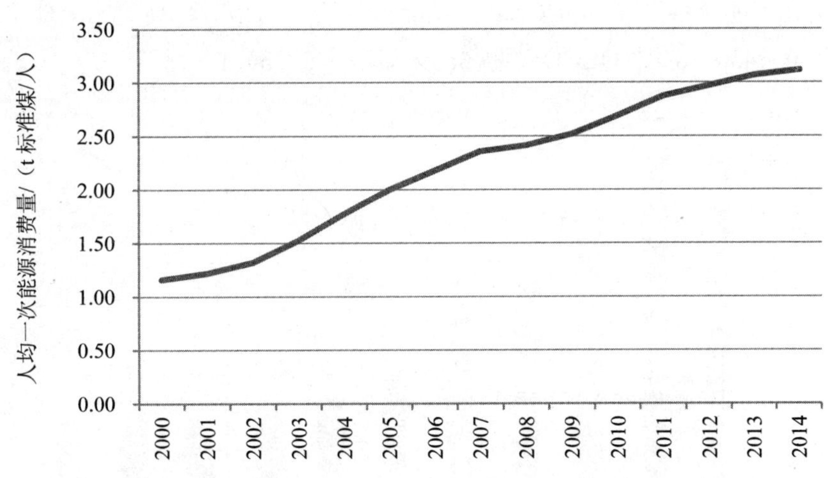

图 1-5（a）　2000—2014 年中国人均一次能源消费情况

数据来源：《中国能源统计年鉴 2015》。

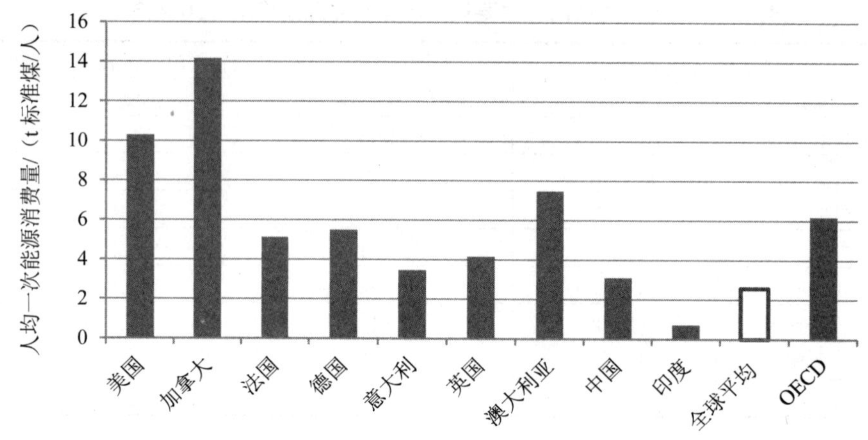

图 1-5（b）　2014 年世界人均一次能源消费情况比较

数据来源：世界银行. BP 世界能源统计年鉴 2015。

中国通过节约能源、提高能源效率、优化能源结构，大力发展可再生能源、核电等低碳能源，使能源强度持续下降[图 1-6（a）]，从 1990 年的 2.4 吨标准煤/千美元下降到 2013 年的 0.88 吨标准煤/千美元，下降了 63%。然而，我国能源强度（单位 GDP 一次能源供给）仍相对较高，比全球平均水平约高 145.8%，比 OECD 约高 353.8%[图 1-6（b）]。

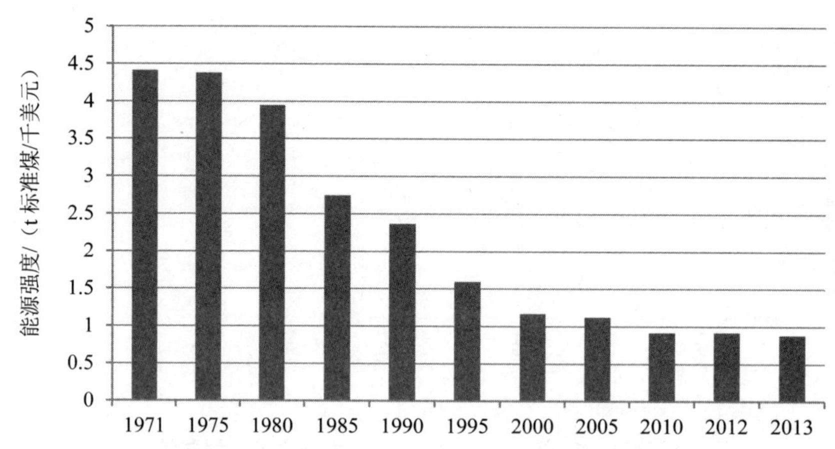

图 1-6（a）　我国能源强度变化情况

数据来源：IEA. CO_2 Emissions From Fuel Combustion 2015.

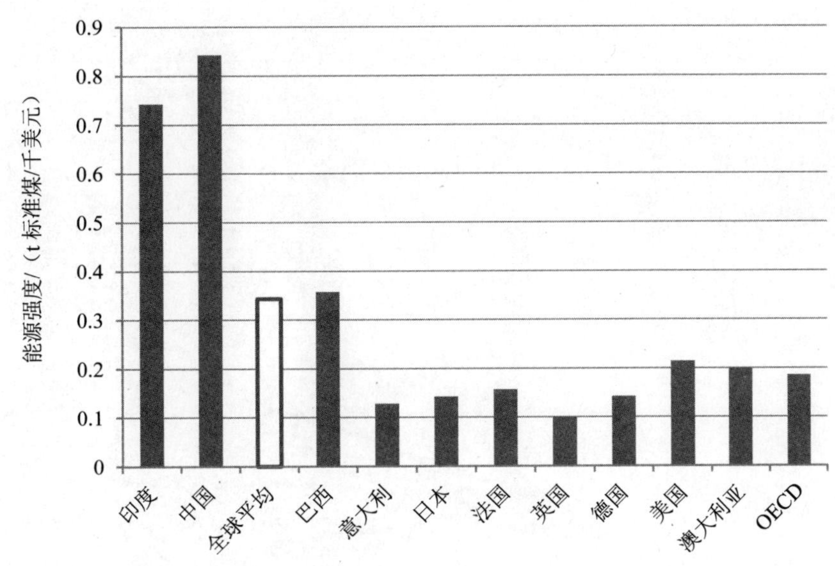

图 1-6（b）　全球单位 GDP 一次能源供给比较（2005 年）

数据来源：IEA. Key World Energy Statistics 2015.

处于城市化、工业化发展阶段的中国，经济仍将持续增长，能源需求仍然呈上升趋势。国内外机构对我国 2020—2030 年的能源消费总量及峰值开展了研究[图 1-7（a）、图 1-7（b）]。对于我国未来的一次能源供应和能源消费，多数情景认为还将继续增长，基本上到 2035 年不会出现峰值。2035 年的能源供应量在 25.7 亿～51.4 亿吨标准煤，终端能源消费在 35.7 亿～71.4 亿吨标准煤，一次能源供应存在很大缺口。也有相对激进的情景认为，中国的终端能源消费在不远的未来可以得到控制，在 2020 年左右达到能源消费峰值，为 50 亿～57.1 亿吨标准煤，之后能源消费总量将快速下降。

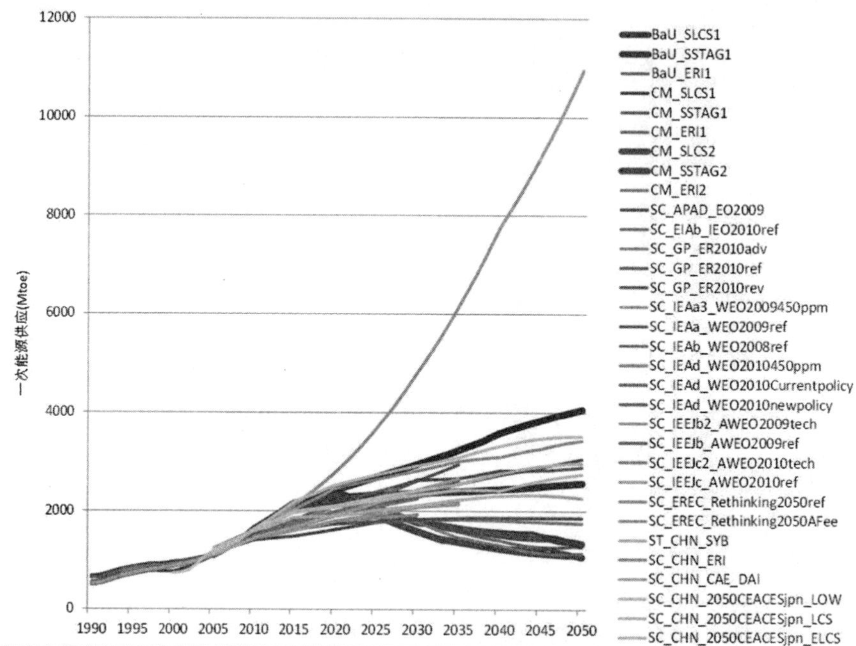

图 1-7（a） 中国一次能源供应情景

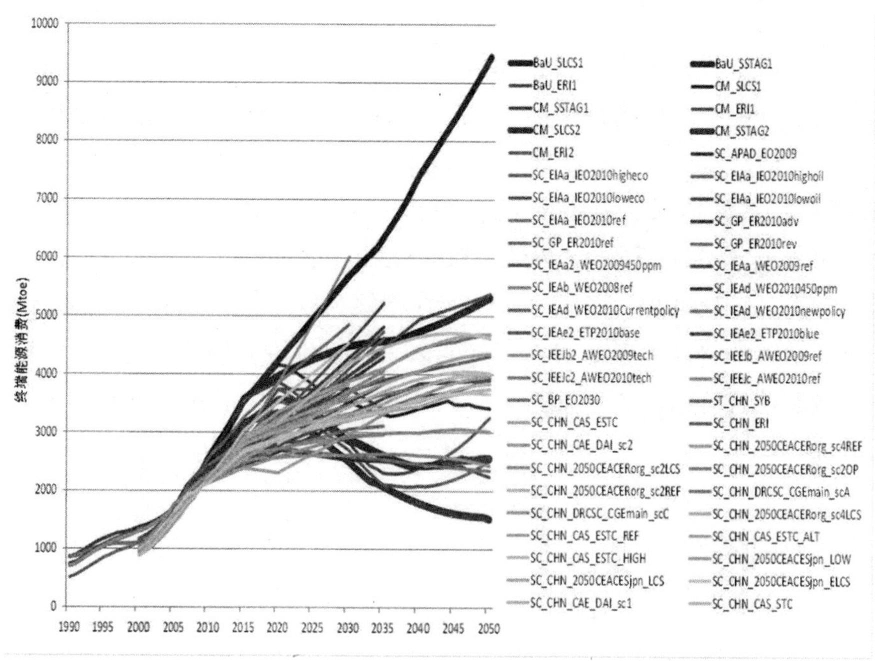

数据来源：根据各研究报告整理。

图 1-7（b） 中国终端能源消费情景

二、我国温室气体排放特征及峰值

经济产出规模持续扩大、经济保持高速增长、能源消费总量不断提升、能源利用结构高碳化等因素导致我国过去 30 年温室气体排放量增长迅速，并呈现以下特点。

（一）温室气体排放总量大

根据我国第一、二次国家信息通报 [图 1-8（a）]，不考虑碳汇 2005 年我国温室气体净排放总量从 1994 年的 36.5 亿吨二氧化碳当量（CO_2e）增长至 70.46 亿吨二氧化碳当量，增幅约 93%，年增长率近 6.2%。二氧化碳与甲烷是我国温室气体排放的主要组成部分，两者排放量之和占温室气体总排放量的比重超过 92%（表 1-2）。此外，能源活动是我国温室气体排放的主要来源[图 1-8（b）]。

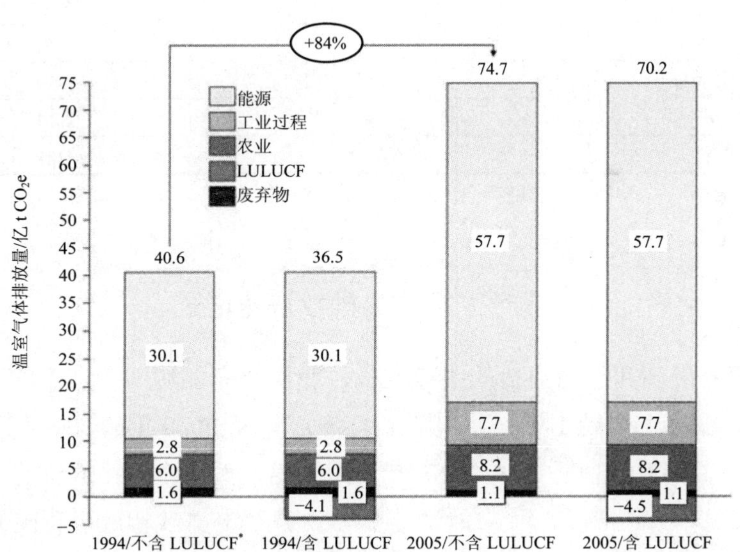

* LULUCF 指土地利用变化和林业部门的温室气体吸收汇。

图 1-8（a） 中国温室气体排放（1994，2005）

数据来源：《中华人民共和国气候变化初始国家信息通报》《中华人民共和国气候变化第二次国家信息通报》。

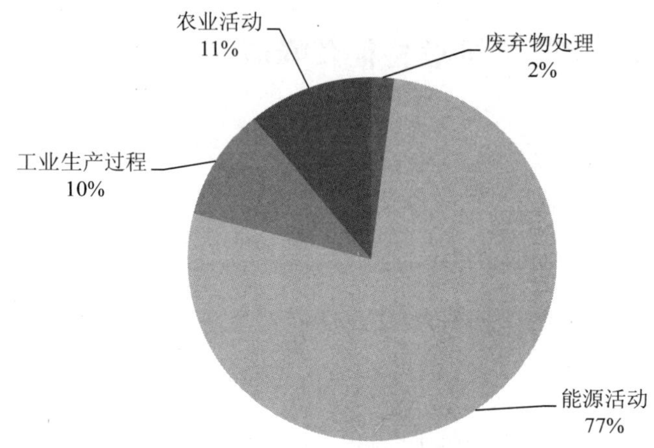

图 1-8（b） 2005 年我国温室气体排放整体情况

数据来源：《中华人民共和国气候变化初始国家信息通报》《中华人民共和国气候变化第二次国家信息通报》。

表 1-2 2005 年中国温室气体排放构成

温室气体	排放量/万 t CO_2e	比重/%
二氧化碳	555 404	78.82
甲烷	93 348	13.25
氧化亚氮	39 377	5.59
含氟气体	16 500	2.34
合计	704 629	100

数据来源：《中华人民共和国气候变化第二次国家信息通报》。

（二）化石能源消费产生的 CO_2 排放快速增长

伴随着经济和能源消费的快速增长，我国化石能源消费产生的二氧化碳排放量增长迅速[图 1-9（a）和图 1-9（b）]，从 2000 年的 33.8 亿吨增长至 2014 年的 93.1 亿吨[①]，是 2000 年的 2.75 倍，约占全球排放量的 25%，位居世界第一。工业部门大量能源消费导致的 CO_2 排放构成了我国 CO_2 排放的主体，其他非工业行业产生的 CO_2 排放量也随着我国经济社会的发展不断增长。

① 根据 IPCC 参考方法、中国能源统计年鉴数据及国家温室气体排放清单的化石燃料排放因子等测算。

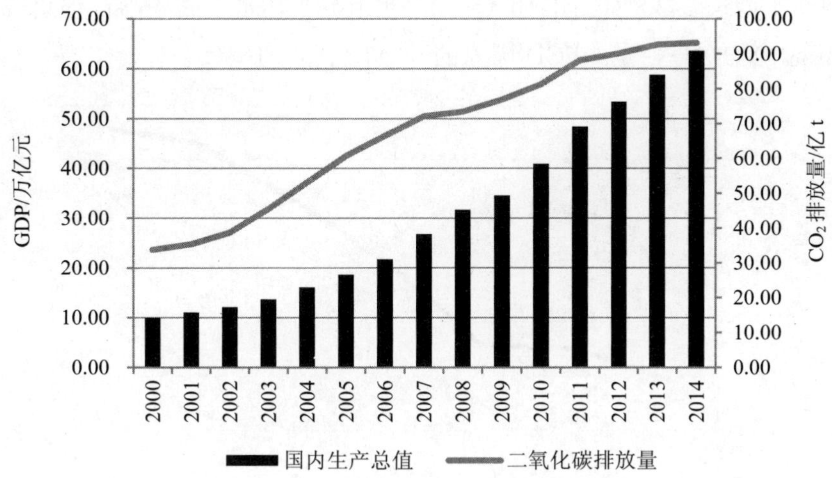

图 1-9（a） 我国 GDP 与 CO_2 排放量增长

数据来源：《中国能源统计年鉴 2015》。

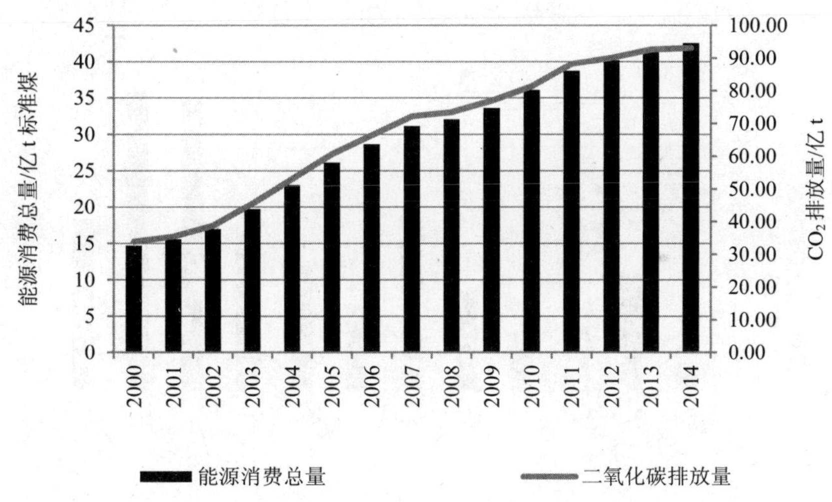

图 1-9（b） 能源消费总量及 CO_2 排放量变化

数据来源：《中国能源统计年鉴 2015》。

（三）中国人均排放已高于世界平均水平

近 20 年来，中国人均碳排放增速较快。据国际能源机构（International Energy Agency，IEA）统计，2013 年中国人均二氧化碳排放量为 6.60 吨，比 1990 年增长 243.8%[图 1-10（a）]，比世界平均水平高 46%；但仍低于发达国家平均水平，是 OECD 国家的 69.1%[1][图 1-10（b）]。

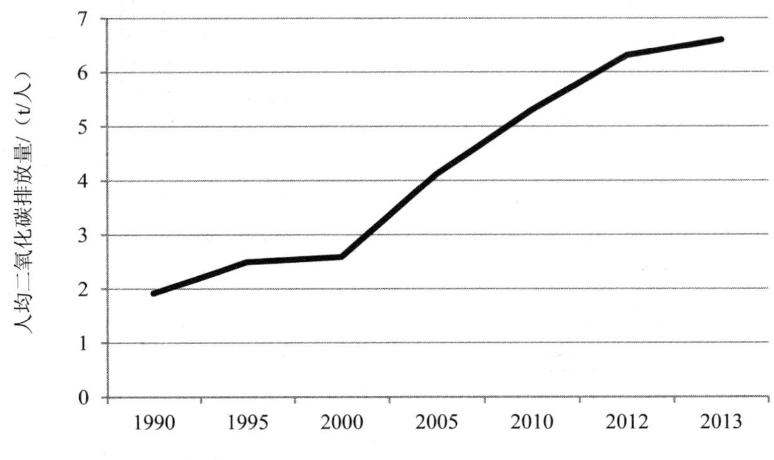

图 1-10（a）　中国人均二氧化碳排放情况

数据来源：IEA. CO_2 Emissions From Fuel Combustion 2015.

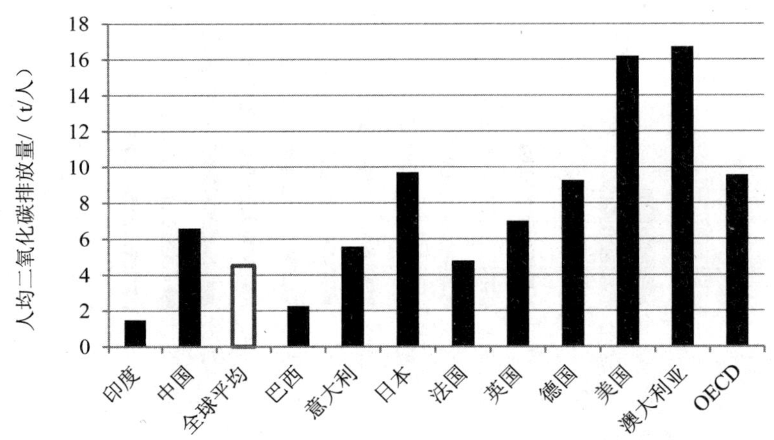

图 1-10（b）　2013 年全球人均二氧化碳排放情况

数据来源：IEA. Key World Energy Statistics 2015.

（四）单位 GDP 二氧化碳排放强度持续下降，但高于全球平均水平

中国单位 GDP 的二氧化碳排放强度总体呈下降趋势。根据 IEA 统计数

① 数据来源：IEA. Key World Energy Statistics 2015.

据，1990 年中国单位 GDP 化石燃料燃烧二氧化碳排放强度为 4.16 千克 CO_2/美元，2013 年下降至 1.85 千克 CO_2/美元（2005 年价），降低了 55.5%，而同期世界平均水平只下降了 28.8%，OECD 国家下降了 31.8%[图 1-11（a）]。但我国碳排放强度明显高于国际平均水平，比全球平均水平（0.57 千克 CO_2/美元）高出 224.6%[图 1-11（b）]。

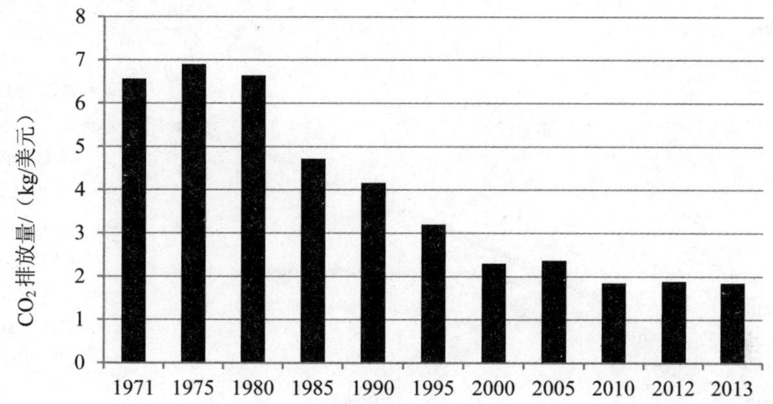

图 1-11（a）　中国单位 GDP 化石燃料 CO_2 排放情况（2005 年不变价）

数据来源：IEA. CO_2 Emissions From Fuel Combustion 2015.

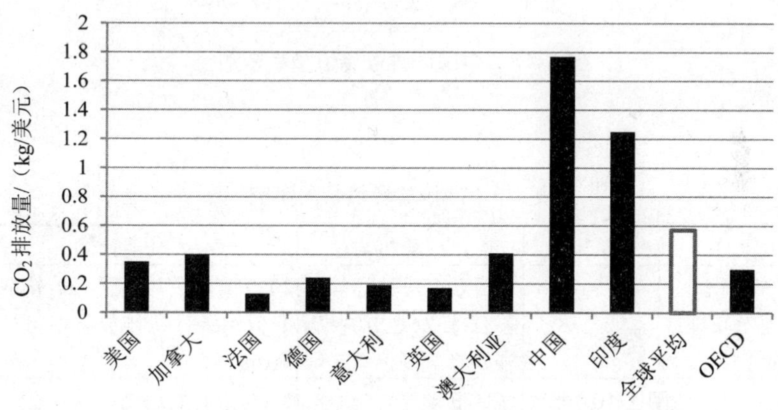

图 1-11（b）　2013 年全球单位 GDP CO_2 排放（2005 年不变价）

数据来源：IEA. Key World Energy Statistics 2015.

（五）排放量将继续增长

中国的国情及其所处发展阶段决定了我国能源消耗和温室气体排放总量持续增长的趋势短期内仍难以根本扭转。对于中国未来温室气体排放，国内外研究机构开展了大量研究，但一般只预测了能源消费的二氧化碳排放。这些研究一般假设中国的非化石能源将得到较快发展，能源结构将优化，因此二氧化碳排放峰值有望在能源消费峰值之前到来。通过情景设置、模型分析、国际比较等研究方法预测，我国二氧化碳排放将于2025—2030年达到峰值，排放量处于100亿～130亿吨二氧化碳（图1-12），部分文献见表1-3。

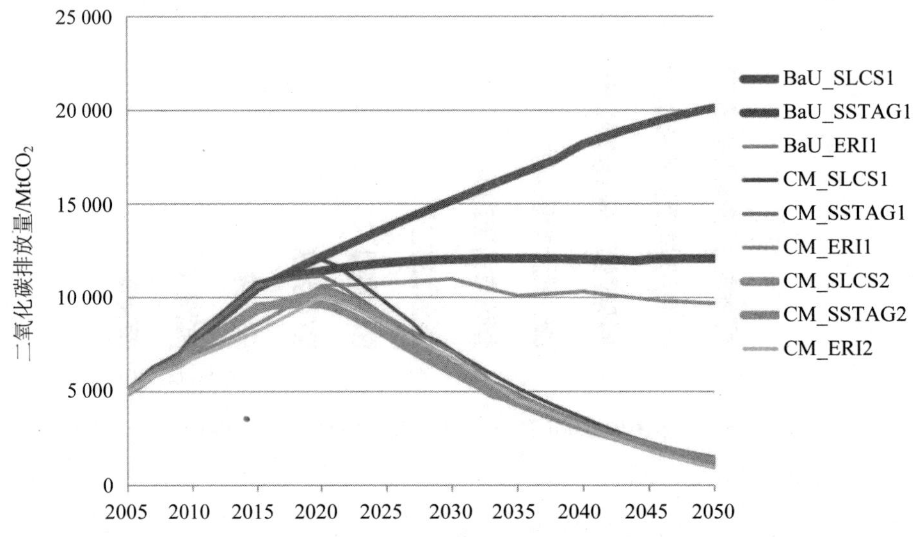

图1-12　中国碳排放峰值情景预测

注：图例代表不同情景。

表1-3　碳排放峰值相关研究

研究名称	机构	情景或分析方法	峰值预测
CO_2排放峰值分析：中国的减排目标与对策	清华大学	分析CO_2排放达峰的条件及发达国家碳排放峰值规律	2030年前后具备了CO_2排放达到峰值的条件，排放总量可控制在110亿t
基于IAMC模型的中国碳排放峰值目标实现路径研究	国家应对气候变化战略研究和国际合作中心	深绿情景	2020年左右达到稳定峰值
		浅蓝情景	2030年左右达到稳定峰值，约为120亿t
基于STIRPAT模型的中国碳排放峰值预测研究	中国科学院	低中模式	2025年左右达到峰值，峰值约为73亿t
		中高模式	2028年左右达到峰值，峰值约为89.5亿t

研究名称	机构	情景或分析方法	峰值预测
中国 2050 年低碳发展之路	国家发改委能源研究所	节能情景	2020 年碳排放为 101.9 亿 t，2030 年为 116.6 亿 t
		低碳情景	2020 年碳排放为 82.9 亿 t，2030 年 85.9 亿 t
排放强度承诺下的二氧化碳排放总量控制研究	环境保护部环境规划院	高增长、高目标（45%）	2020 年碳排放为 94.7 亿 t
		高增长、低目标（40%）	2020 年碳排放为 103.3 亿 t
能源“新常态”下中国 2030 年能源消费情况预测	北京理工大学能源与环境政策研究中心	低碳情景	2025 年达峰，化石燃料 CO_2 排放总量为 116 亿 t
		基准情景	2025 年达峰，化石燃料 CO_2 排放总量为 120 亿 t

三、低碳转型的必要性

中国经济发展虽然取得了巨大成就，但粗放式经济发展模式对能源和资源依赖度高，形成了以高消耗、高排放和高污染为特征的不可持续的经济发展路径。转变传统的高消耗、高排放、高污染的经济增长方式，代之以高能源效率和清洁能源的低碳经济模式，是实现我国经济社会可持续发展的必然选择，也是保护生态环境和人民健康、保障能源安全、应对全球气候变化和全球气候环境合作的现实需要。

第一，实施低碳经济转型是进行经济体制改革、转变经济发展方式和实现高质量经济增长的需要。低碳经济发展以低能耗、低排放、低污染为基础，以技术创新和制度创新为核心，以提高能源利用效率和创建清洁能源结构为目标[①]，实现低碳高增长。向低碳经济转型需要转变发展模式，即从传统的注重经济产出的发展模式，转变为资源消耗、环境质量与经济产出协调并重的发展模式。建立以低碳经济为中心的发展模式是我国深化经济体制改革与产业结构调整的重要内容，也是促进环境与经济的和谐共赢、

① 周生贤指出：“低碳经济是以低耗能、低排放、低污染为基础的经济模式，是人类社会继原始文明、农业文明、工业文明之后的又一大进步。其实质是提高能源利用效率和创建清洁能源结构，核心是技术创新、制度创新和发展观的转变。发展低碳经济，是一场涉及生产模式、生活方式、价值观念和国家权益的全球性革命。”

提高经济利益和发展质量的需要。

第二，低碳经济转型是保护生态环境和人民健康的需要。中国的能源消费结构长期以化石燃料特别是煤炭为主，是世界上唯一以煤为主的能源消费大国。煤炭是所有能源中伴生污染排放最多的一种，大气环境中 70%的二氧化硫、50%的颗粒物和 80%的二氧化碳都来自煤炭燃烧。大量使用煤炭等化石燃料导致了严重的环境污染和生态破坏，使我国成为世界上各类污染最严重的国家之一，对人民健康构成了严重威胁并造成了巨大的经济损失。向低排放、低污染的低碳经济转型是确保国家环境和生态安全以及人民身体健康的要求。

第三，低碳经济转型是保障能源供应安全的需要。中国经济的增长依靠能源消耗数量而不是质量，快速发展的经济伴随着急剧增长的能源消耗，使我国的能源对外依存度日渐提高，给国家的能源安全带来威胁。为实现 2020 年全面建成小康社会和 2050 年达到中等发达国家水平目标，中国的能源需求总量将成倍增长。据不同研究预测，2035 年中国的终端能源消费在 35.7 亿～71.4 亿吨标准煤，一次能源供应存在很大缺口。中国能源资源，特别是优质能源资源匮乏，能源利用效率低，为满足日益增长的能源需求，保证能源供应安全，必须走低碳能源发展道路。优化能源结构、降低对化石燃料的依赖，大规模开发、利用可再生能源，包括水能、风能、太阳能、氢能、核能、潮汐能等，实施能源多元化战略，既是维护国家能源安全的核心内容，也是低碳经济转型的目标要求。

第四，低碳经济转型是应对全球气候变化的需要。温室效应引起的气候变化直接威胁到人类的生存和发展。未来气候持续变暖所带来的影响将是全方位、大尺度、多层次、长期性甚至是不可逆的。不仅人类赖以生存的自然生态系统将遭到直接损害，人类自身的生命健康、财产安全和经济基础也将受到直接和潜在的威胁，成为人类实现社会经济可持续发展的重大挑战。为防止全球气候变化产生灾难性的和不可逆转的破坏，需要大幅度和持续地减少温室气体排放。中国的温室气体排放量稳居全球第一，比英国、美国、法国、德国、日本排放量的总和还高。我国选择低碳发展道路、向低碳经济转型既是对本国人民负责，也是顺应全球应对气候变化的紧迫形势、加强国际应对气候变化合作和体现负责任大国的举措。

四、利用市场手段助推低碳转型

降低煤炭在能源消费中的比例、构建绿色低碳的能源供给体系、提高能效、实施技术创新、推动低碳技术的广泛应用是我国实现低碳转型的主要路径。转型过程中需要政策法律、技术手段和制度建设，更要求有体制机制方面的创新。基于市场失灵、产权等理论的碳总量控制与交易制度（以下简称“碳交易制度”）是国际上广泛采用的市场化低碳政策手段。它通过设定强制性碳排放总量控制目标并允许进行排放配额交易，为排放实体提供经济激励来达到环境质量要求。建立符合中国国情的碳交易制度是以市场机制应对气候变化、减少温室气体排放的重大体制机制创新，具有以下几方面的重要意义。

（1）顺应国家深化经济体制改革的总体要求。《中共中央关于全面深化改革若干重大问题的决定》指出，使市场在资源配置中起决定性作用和更好发挥政府作用是我国全面深化经济改革的重点。在改革过程中要解决资源环境问题，也必须发挥市场机制在资源环境领域的基础性作用。环境容量是有限的公共资源，环境资源的“公共物品”性质和环境问题的“外部不经济性”导致了环境资源配置的“市场失灵”。温室气体排放的外部性是长期的、全球性的、规模巨大的，因此西方将温室气体排放称为人类有史以来最大的市场失灵。碳交易制度可以发挥市场对资源配置的基础作用，实现环境容量在温室气体排放主体间的重新优化配置，符合市场经济规律，顺应国家深化经济体制改革的目标要求。

（2）是我国实现温室气体排放总量控制和峰值目标的主要手段。我国低碳发展的核心是控制温室气体排放总量。国家已制定到 2020 和 2030 年单位 GDP 二氧化碳排放较 2005 年分别下降 40%～45%和 60%～65%的约束性目标，以及二氧化碳排放在 2030 年左右达到峰值的总量控制目标。但中国能源消耗总量巨大并将持续增长，伴随的温室气体排放仍将迅速增长，实现以上强度和峰值目标将面临巨大挑战。2014 年，我国能源消费产生的二氧化碳排放已达 93.1 亿吨，而主要机构研究测算的 2030 年前峰值范围仅为 100 亿～130 亿吨二氧化碳，继续增排的空间逐渐缩小。碳交易制度以行业企业碳排放现状和趋势为基础，规制电力、钢铁、化工、建材等经济部门和企业的量化排放目标。相对标准、技术规定或碳税等政策措施，碳交易制度直接与降低排放总量挂钩，有利于保证环境质量，是实现国家碳强度或峰值等总量目标的最直接手段。碳交易体系的量化目标还将继续传导至对化石能源消费量的限制，为实现国家控制化石能源消费总量和温室气体排放总量等宏观目标发挥作用。

（3）通过对碳排放定价，使环境成本内部化。人类大量使用矿物等自然资源造成资源耗竭和对大气环境容量的过度占用，产生了巨大的环境负外部性。如果环境外部成本不是由开发、利用的主体承担，就会造成资源和环境因价格低估而被滥用。一方面，碳交易制度设定的排放控制目标明确了环境容量资源的有限性和稀缺性，又通过建立交易市场进行碳定价，使环境成本内部化。另一方面，市场机制为低碳技术、产品等提供了新的定价机制，节能减排、开发利用可再生能源等行为所产生的环境效应在碳交易市场中得到量化、完成变现，产生了环境正外部性。交易制度产生的碳价格既能体现温室气体排放的社会成本，又能激励减排行为，将有效促进环境与经济协调发展。

（4）促进技术进步，实现减排潜力。中国能源结构不合理，能源利用效率低，通过技术进步和提高能效带动温室气体减排的潜力巨大。我国的能源效率与发达国家水平存在较大差距，钢铁、水泥、合成氨、炼油、乙烯等行业的主要产品单位能耗平均比国际先进水平高 21%[①]。广泛采用成本有效的节能减排技术、燃料和原料替代技术、新能源技术并实施技术转型可大幅度削减碳排放量。碳交易机制为排放实体选择这些治理技术提供了更大的灵活性和激励，激发企业开发和应用低成本治理技术和新技术的积极性，促进实现减排潜力并提高减排效率。

（5）激励经济实体和个体节能减碳，降低全社会减排成本。市场经济体制下，企业和个人是经济活动的主体，也是能耗和排放的主体，治理排放的责任应由排放源实体承担。碳交易制度将总量控制目标落实到排放企业和个人，明确排放实体和个体的责任，交易市场又向排放实体传递出碳排放和碳减排的价格信号，市场价格引导排放实体做出减排决策，企业和个体在治理决策上拥有更大的自主性和灵活性。通过交易市场，以较低成

① 来源：《第二次气候变化国家评估报告》。

本改进生产技术、减少碳排放的企业和个体成为受益方，治理行动发生在边际治理成本最低的排放源上，使全社会的减排成本得以降低。

（6）主动应对国际形势。许多国家的经验表明，碳交易制度是减少温室气体排放的重要措施。《京都议定书》规定了附件一国家可以通过排放权交易帮助其实现量化减排承诺。欧盟、新西兰、日本、瑞士、韩国等国家或地区还在区域、国家和地方层面建立了碳交易制度。当前碳排放交易制度以发达国家主导，占据碳定价和规则制定的优势，并通过航空排放交易等手段进一步规制发展中国家。国际形势表明，在全球应对气候变化进程中，碳排放权交易将是大势所趋，未来碳市场的发展可能成为世界主要国家应对气候变化的制度选择和发展潮流。各类碳金融产品也会相继产生和发展，碳市场和碳金融可能发展成为国际低碳发展竞争中的重要环节。建立以我国为主的碳交易体系将有助于我国主动应对正在形成的国际碳市场，提高我国在气候变化领域的国际竞争力。

参考文献

[1] 国家统计局能源统计司. 中国能源统计年鉴 2015[M]. 北京：中国统计出版社，2015.

[2] 国家发展改革委能源研究所课题组. 中国 2050 年低碳发展之路：能源需求暨碳排放情景分析[M]. 北京：科学出版社，2009.

[3] 张坤民，潘家华，崔大鹏. 低碳经济论[M]. 北京：中国环境科学出版社，2008.

[4] 李俊峰，刘强，李高. 我国低碳能源发展思考[N]. 光明日报，2015，6.

[5] 何建坤. 在碳排放限制下求发展[J]. 中国石油石化，2015（7）：38-40.

[6] 何建坤. 中国能源革命与低碳发展的战略选择. 武汉大学学报，2015（1）：6-13.

[7] 何建坤. CO_2 排放峰值分析：中国的减排目标与对策[J]. 中国人口・资源与环境，2013（12）：3-11.

[8] 戴彦德，冯超. 建设生态文明必须重塑能源生产和消费体系[J]. 中国能源，2015（11）：8-13.

[9] 王金南，蔡博峰，等. 排放强度承诺下的 CO_2 排放总量控制研究[J]. 中国环境科学，2010（11）：130-134.

[10] 冯之浚，周荣. 低碳经济：中国实现绿色发展的根本途径[J]. 中国人口・资源与环

境，2010（4）.

[11] 刘朝，赵涛. 2020 年中国低碳经济发展前景研究[J]. 中国人口·资源与环境，2011（7）：77-83.

[12] 潘家华，庄贵阳，等. 低碳经济的概念辨识及核心要素分析[J]. 国际经济评论，2010（7）：77-83.

[13] 付加锋，庄贵阳，等. 低碳经济的概念辨识及评价指标体系构建[J]. 中国人口·资源与环境，2010（8）：89-102.

[14] 张伟伟，张宇. 发达国家低碳投融资机制研究[J]. 当代经济研究，2013（7）：73-77.

[15] 赵志凌，黄贤金，等. 低碳经济发展战略研究进展[J]. 生态学报，2010（8）：255-264.

[16] 金乐琴，刘瑞. 低碳经济与中国经济发展模式转型[J]. 经济问题探索，2009（1）：88-91.

[17] 李飞，庄贵阳，等. 低碳经济转型：政策、趋势与启示[J]. 经济问题探索，2010（2）：98-101.

[18] 潘家华. 低碳转型的背景与途径——从哥本哈根会议说起[J]. 阅江学刊，2010（8）：87-91.

[19] 周宏春，王海芹. 对我国碳排放形势和低碳经济转型的研究[J]. 徐州工程学院学报（社会科学版），2011（3）：7-13.

[20] 李旸. 我国低碳经济发展路径选择和政策建议[J]. 城市发展研究，2010（2）：62-73.

[21] 马建平，庄贵阳. 我国经济低碳转型的调整重点与政策选择[J]. 环境保护与循环经济，2010（4）：23-25.

[22] 刘文玲，王灿. 中国的低碳转型与生态现代化[J]. 中国人口·资源与环境，2012（9）：17-21.

[23] 陈诗一. 中国各地区低碳经济转型进程评估[J]. 经济研究，2012（8）：33-45.

[24] 郑德凤，臧正，等. 绿色经济、绿色发展及绿色转型研究综述[J]. 生态经济，2015（2）：66-70.

[25] 王遥，王鑫. OECD 国家的城市低碳融资工具创新及对中国的启示[J]. 国际金融研究，2013（8）：35-43.

[26] 周蓉，王成，等. 绿色经济与低碳转型——市场导向的绿色低碳发展国际研讨会综述[J]. 经济研究，2014（11）：186-190.

[27] 北京理工大学能源与环境政策研究中心. “十三五”及 2030 年能源经济展望[R]. 2016.

[28] BP 世界能源统计年鉴[R]. 2015.

[29] International Energy Agency. 2015 Key World Energy Statistics[R]. 2015.

[30] International Energy Agency. CO_2 Emissions From Fuel Combustion[R]. 2015.

[31] 王金南，等. 二氧化硫排放交易——美国的经验和中国的前景. 北京：中国环境科学出版社，2000.

[32] 中国二氧化硫排放总量控制及排放权交易政策实施示范项目组. 中国酸雨控制战略——二氧化硫排放总量控制及排放权交易政策实施示范[M]. 北京：中国环境科学出版社，2004.

第二章　全国碳市场建设进展

2015 年是中国碳交易承上启下之年。经过两年多的 7 省市碳交易试点建设，各试点碳市场在政策法规、市场机制建设和能力建设方面做了许多卓有成效的工作，通过碳市场实现温室气体控排初见成效，同时也为建立全国碳交易市场提供了重要经验。全国碳市场建设是一项重大的体制机制创新和系统工程。2015 年以来，国家在全国碳市场政策法规体系建设、技术支撑体系建设和实施计划等方面开展了大量工作。

一、政策法规体系建设

面对全球气候变化问题，中国将继续主动减缓和适应气候变化，在减少温室气体排放、抵御风险、预测预警、防灾减灾等领域向更高水平迈进。为控制不断增长的温室气体排放，"十二五"规划纲要确定了现阶段我国控制温室气体减排的目标：2015 年单位 GDP 二氧化碳排放比 2010 年降低 17%。另外，我国还确定了到 2020 年单位 GDP 二氧化碳排放比 2005 年下降 40%～45%的中长期约束性目标。2015 年 6 月，李克强总理表示，中国政府根据中国国情、发展阶段、可持续发展战略和国际责任，确定了到 2030 年的自主行动目标，即：二氧化碳排放在 2030 年左右达到峰值并争取尽早达到峰值；中国单位 GDP 二氧化碳排放将比 2005 年下降 60%～65%，非化石能源占一次能源消费比重达到 20%左右，森林蓄积量比 2005 年增加 45 亿米^{3}左右。这已经成为中国向《联合国气候变化框架公约》秘书处提交的应对气候变化国家自主贡献文件《强化应对气候变化行动——中国国家自主贡献》的主要目标。采用行政手段完成上述目标将在技术、资金、政策法规和体制等方面面临挑战。因此，必须使控制温室气体排放从单纯依靠行政手段逐渐向更多地依靠市场力量转化。

建立全国碳排放权交易市场是采用市场机制、低成本实现我国减排目标、实现经济低碳发展的重要途径之一。党和政府高度重视全国碳交易市场机制建设，在一系列重要政策和文件中都提出了“深化碳交易试点、建立全国碳排放权交易市场”的方针，为建设全国碳市场、发展碳交易市场机制奠定了政策基础（表 2-1）。

2011 年 3 月，“十二五”规划纲要提出：“逐步建立碳排放权交易市场。”2011 年 10 月，为落实“十二五”规划纲要，国家发展改革委办公厅下发了《关于开展碳排放权交易试点工作的通知》（发改办气候〔2011〕2601 号），批准北京、天津、上海、重庆、湖北、广东和深圳 7 省市开展碳排放权交易试点工作，将 2013—2015 年作为碳交易试点阶段，并计划在试点经验基础上于 2016 年建立全国碳交易体系。2011 年 11 月，国务院《“十二五”控制温室气体排放工作方案》（国发〔2011〕41 号）强调指出“探索建立碳排放交易市场”。十八届三中全会提出推行碳排放权交易制度，并将此作为全面深化改革、加快生态文明制度建设的重要内容。《2014—2015 年节能减排低碳发展行动方案》提出，建立碳排放权交易制度，推进碳排放权交易试点，研究建立全国碳排放权交易市场。同时，实施碳排放权交易也是中央全面深化改革领导小组推进的重点工作任务之一。

2015 年，党和政府进一步加强了对全国碳市场建设的要求。2015 年 5 月，《中共中央国务院关于加快推进生态文明建设的意见》强调“建立碳排放权交易制度，深化交易试点，推动建立全国碳排放权交易市场”。2015 年 9 月，中共中央和国务院印发的《生态文明体制改革总体方案》又对建设全国碳市场工作做出具体要求：“深化碳排放权交易试点，逐步建立全国碳排放权交易市场，研究制定全国碳排放权交易总量设定与配额分配方案。完善碳交易注册登记系统，建立碳排放权交易市场监管体系”。2015 年 9 月，习近平主席和奥巴马总统签署《中美气候变化联合声明》，指出，中国计划在 2017 年建立全国性碳排放交易体系，覆盖钢铁、电力、化工、建材、造纸和有色金属等重点工业行业。2015 年 10 月，中共中央召开十八届五中全会，全会明确要求推行碳排放权初始分配制度。在 2015 年 11 月召开的气候变化巴黎大会上，中国再次表示将建立全国碳排放交易市场。

表 2-1　碳交易相关政策文件

时间	文件	相关内容
2011 年 3 月	《“十二五”规划纲要》	“逐步建立碳排放交易市场”
2011 年 11 月	《“十二五”控制温室气体排放工作方案》	“探索建立碳排放交易市场”
2013 年 11 月	《中共中央关于全面深化改革若干重大问题的决定》	“使市场在资源配置中起决定性作用，深化经济体制改革”；“加快生态文明制度建设，推行碳排放权交易制度”
2014 年 3 月	中央全面深化改革领导小组 2014 年工作要点	制定全国碳排放权交易管理办法
2014 年 5 月	《2014—2015 年节能减排低碳发展行动方案》	明确产业结构调整、节能降碳、建立市场化节能减排机制等方面的安排
2014 年 12 月	《碳排放权交易管理暂行办法》	明确配额管理、排放交易、监督管理等碳交易环节的管理机制
2015 年 3 月	《2015 年政府工作报告》	“扩大碳排放权交易试点”
2015 年 5 月	《中共中央国务院关于加快推进生态文明建设的意见》	“建立节能量、碳排放权交易制度，深化交易试点，推动建立全国碳排放权交易市场”
2015 年 9 月	《生态文明体制改革总体方案》	“深化碳排放权交易试点，逐步建立全国碳排放权交易市场，研究制定全国碳排放权交易总量设定与配额分配方案。完善碳交易注册登记系统，建立碳排放权交易市场监管体系”
2015 年 9 月	《中美气候变化联合声明》	“计划于 2017 年启动全国碳排放交易体系，将覆盖钢铁、电力、化工、建材、造纸和有色金属等重点工业行业”
2015 年 10 月	《中共中央十八届五中全会公报》	“推行碳排放权初始分配制度”

全国碳交易市场建设需立法先行。2014 年年底，国家发展改革委颁布了《碳排放权交易管理暂行办法》（以下简称《管理办法》），明确了全国碳市场建立的主要思路和管理体系（图 2-1）。《管理办法》包括 7 章 48 条，涉及配额管理、排放交易、核查与配额清缴、监督管理、法律责任等方面的内容。同时，以《管理办法》为基础和指导，开展全国碳市场建设准备工作。在此基础上，2015 年国家发展改革委起草了《全国碳排放权交易管理条例（草案）》（以下简称《管理条例》），广泛征询了各方意见并进一步修改完善，推动《管理条例》立法工作。另外，包括碳市场总量设定、排

放权交易管理、履约机制、核查机构管理等各方面的相关配套细则制定工作都已展开并初步完成工作目标。

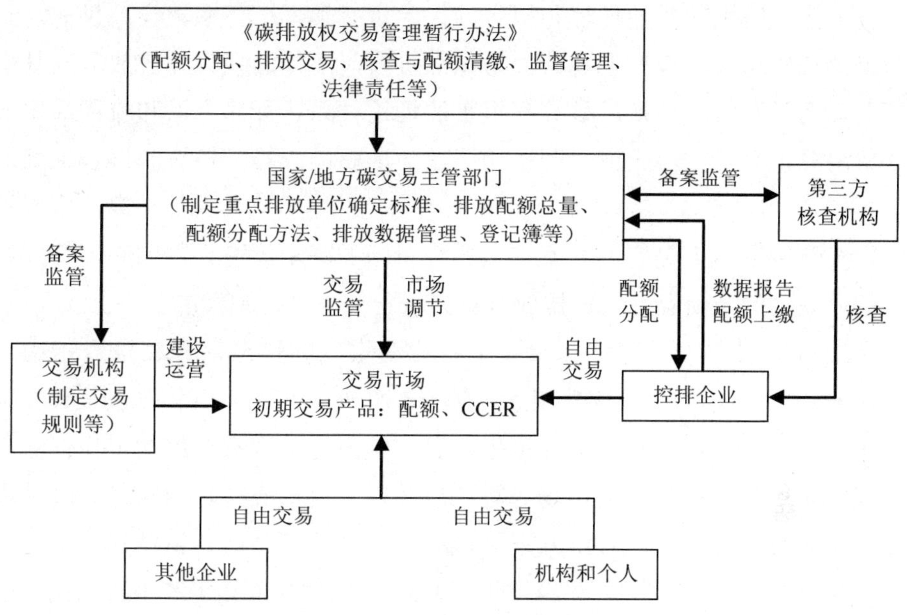

图 2-1　全国碳交易体系管理框架

二、技术支撑体系建设

技术支撑体系是碳市场的基础，是碳交易的前提和保障，更是全国碳排放权交易市场建设的重要内容。2015 年，国家继续开展构建全国碳排放权交易市场技术支撑体系工作，包括“自上而下”开展全国碳市场配额初始分配制度和温室气体排放测量、报告与核查（MRV）体系建设，建立统一的碳市场技术支撑体系等。

（一）温室气体排放 MRV 体系建设

构建国家、地方两级全国碳市场 MRV 管理体系。2014 年 12 月出台的《碳排放权交易管理暂行办法》明确了国家和地方管理机构对碳市场 MRV 的管理模式。国务院碳交易主管部门将负责公布企业温室气体排放核算与报告指南、核查指南和推荐的核查机构名单，并对核查机构进行管理。地方碳交易主管部门负责对企业制订的排放监测计划备案，对重点排放单位的排放报告与核查报告进行复查并确认重点排放单位的排放量。

加快温室气体排放核算和报告的技术规范和标准体系建设。目前，我国还处在碳市场建设初期和碳交易试点阶段，不仅温室气体排放数据基础薄弱，而且温室气体排放核算和报告的理论体系、计算方法和流程尚不成熟。另外，尽管国际上已经开发出了较为成熟的碳排放核算和报告标准，并且 7 省市试点碳市场开发了具有地区特色的温室气体排放核算和报告技术指南和标准，但是它们并不完全适合我国的基本国情，因此必须开发统一的、完善的全国温室气体排放核算和报告技术规范和标准。

国家发展改革委制定并颁布了行业温室气体排放核算和报告指南。2014—2015 年，为加快构建国家、地方、企业三级温室气体排放核算和报告工作体系，实行重点企业直接报送温室气体排放数据制度的工作任务，为建立全国碳排放权交易市场等重点改革任务提供支持，国家发展改革委组织国内相关科研机构相继开发并颁布了涉及能源生产、钢铁和冶金、化工、建材、加工制造等领域 24 个行业的温室气体排放核算和报告指南（表 2-2）。

表 2-2　24 个行业温室气体排放核算和报告指南

印发批次及时间	核算方法与报告指南名称
第一批 2013 年 10 月	《中国发电企业温室气体排放核算方法与报告指南（试行）》
	《中国电网企业温室气体排放核算方法与报告指南（试行）》
	《中国钢铁生产企业温室气体排放核算方法与报告指南（试行）》
	《中国化工生产企业温室气体排放核算方法与报告指南（试行）》
	《中国电解铝生产企业温室气体排放核算方法与报告指南（试行）》
	《中国镁冶炼企业温室气体排放核算方法与报告指南（试行）》
	《中国平板玻璃生产企业温室气体排放核算方法与报告指南（试行）》
	《中国水泥生产企业温室气体排放核算方法与报告指南（试行）》
	《中国陶瓷生产企业温室气体排放核算方法与报告指南（试行）》
	《中国民航企业温室气体排放核算方法与报告格式指南（试行）》

印发批次及时间	核算方法与报告指南名称
第二批 2014 年 12 月	《中国石油天然气生产企业温室气体排放核算方法与报告指南（试行）》
	《中国石油化工企业温室气体排放核算方法与报告指南（试行）》
	《中国独立焦化企业温室气体排放核算方法与报告指南（试行）》
	《中国煤炭生产企业温室气体排放核算方法与报告指南（试行）》
第三批 2015 年 7 月	《造纸和纸制品生产企业温室气体排放核算方法与报告指南（试行）》
	《其他有色金属冶炼和压延加工业企业温室气体排放核算方法与报告指南（试行）》
	《电子设备制造企业温室气体排放核算方法与报告指南（试行）》
	《机械设备制造企业温室气体排放核算方法与报告指南（试行）》
	《矿山企业温室气体排放核算方法与报告指南（试行）》
	《食品、烟草及酒、饮料和精制茶企业温室气体排放核算方法与报告指南（试行）》
	《公共建筑运营单位（企业）温室气体排放核算方法和报告指南（试行）》
	《陆上交通运输企业温室气体排放核算方法与报告指南（试行）》
	《氟化工企业温室气体排放核算方法与报告指南（试行）》
	《工业其他行业企业温室气体排放核算方法与报告指南（试行）》

国家标准化管理委员会发布行业温室气体排放核算和报告标准。为进一步加强温室气体排放核算和报告的标准化与强制性，进一步规范完善行业温室气体排放核算与报告要求并支撑建立国内统一的碳市场，基于行业温室气体排放核算和报告指南编制工作基础，国家标准化管理委员会于 2015 年 11 月批准发布了《工业企业温室气体排放核算和报告通则》以及发电、钢铁、民航、化工、水泥等 10 个重点行业温室气体排放核算方法与报告标准。它们用于指导和规范行业企业开展温室气体排放核算与报告活动及其相应报告的编制，规定了工业行业和相应重点行业企业温室气体排放核算与报告的术语和定义、基本原则、工作流程、核算边界确定、核算步骤与方法、质量保证等技术要求和标准，以及温室气体排放报告的要求等内容。

加强企业温室气体排放数据直报系统建设。2015 年，国家还组织开展了企业温室气体排放数据直报系统的研究及建设工作。相关机构借鉴发达国家企业温室气体报告法律法规，参考国家统计局、环保部等现行企业报告制度经验，结合 7 个碳交易试点省市报告管理实践，起草了《重点企（事）业单位温室气体排放核算报告管理暂行办法（初稿）》，内容涉及法规建设、制度设计、管理层级、系统建设等方面。目前，《重点企（事）业单位温室气体排放核算报告管理暂行办法（初稿）》正在听取地方、企（事）业单位意见和建议，不断完善企业温室气体排放直报制度顶层设计和建设。

在国家发展改革委的指导下，通过加强组织机构建设、加强温室气体排放 MRV 体系建设和加强企业温室气体排放数据直报系统建设，目前已经初步形成了全国碳市场温室气体排放 MRV 技术支撑体系，将为实行温室气体排放总量控制、开展全国碳排放权交易等相关工作提供数据支撑。但是，未来全国碳排放权交易市场 MRV 体系建设中仍面临政策法规支撑体系建设、技术可操作性和规范性建设、信息化建设、能力建设、资金支持、市场化探索等诸多问题和挑战，特别是亟待建立温室气体排放 MRV 数据质量管理体系及建立核查与核查机构管理制度，并进一步加强地方和企事业单位温室气体 MRV 能力建设等工作。

2016 年 1 月，国家发展改革委印发《国家发展改革委办公厅关于切实做好全国碳排放权交易市场启动重点工作的通知》（发改办气候〔2016〕57 号）（以下简称《通知》）。《通知》对切实做好全国碳市场启动前的重点准备工作做出具体安排和要求。《通知》提出拟纳入全国碳交易体系的企业范围，即全国碳市场第一阶段将涵盖石化、化工、建材、钢铁、有色、造纸、电力、航空等重点排放行业，参与主体初步考虑为业务涉及上述重点行业、其 2013—2015 年中任意一年综合能源消费总量达到 1 万吨标准煤以上（含）的企业法人单位或独立核算企业单位。《通知》对拟纳入企业的历史碳排放规定了核算和报告格式及数据内容，对核查规范和机构资质做出了要求，将为国家发展改革委 2016 年出台并实施全国碳排放权交易体系中的配额分配方案提供支撑。另外，《通知》还对培育和遴选第三方核查机构及人员、强化能力建设、保障措施等做出具体安排和要求。

《通知》初步勾画了全国碳市场的蓝图。全国碳市场将纳入 8 个重点行业，涉及其中的 18 个子行业，全国碳市场排放配额总量将是这 8 个重点行业重点排放单位的排放配额总和。另外，配额分配方法将以基于产品的基准线法为主，基准年（段）为 2013—2015 年。对第三方核查机构及人员资质、核查原则、核查程序和核查要求作出了明确规定。《全国碳排放权交易第三方核查机构及人员参考条件》和《全国碳排放权交易第三方核查参考指南》构建了全国碳市场核查机制管理框架和技术规范。《通知》是目前对全国碳市场建设最为明确和详细的工作安排，对全国碳市场建设具有重要的指导作用，也表明全国碳市场建设正式拉开帷幕。

（二）配额分配和管理机制建设

配额分配和管理是全国碳市场建设的核心问题。碳排放权交易是“总量控制—交易”体系，即以温室气体总量控制目标为基础的排放权交易和温室气体管控体系。配额分配和管理直接决定配额的稀缺性，是影响碳市场供需关系的决定性因素。因此，配额分配和管理是实现总量控制目标和碳排放权交易的重要政策抓手，是全国碳市场的核心制度要素，是全国碳市场制度建设的重中之重。

构建全国碳市场排放权配额分配和管理模式。国家发展改革委颁布的《碳排放权交易管理暂行办法》确定了国家和地方两级配额管理模式（图 2-2）。国家碳交易主管部门负责制定国家配额分配方案，明确各省、自治区、直辖市免费分配的排放配额数量和国家预留的排放配额数量等；地方碳交易主管部门根据配额免费分配方法和标准，可提出本行政区域内重点排放单位的免费分配配额数量，报国务院碳交易主管部门确定后，向本行政区域内的重点排放单位免费分配排放配额。另外，全国碳市场建设初期，以免费分配排放配额为主，适时引入有偿分配，并逐步提高有偿分配的比例。国务院碳交易主管部门负责建立和管理碳排放权交易注册登记系统。

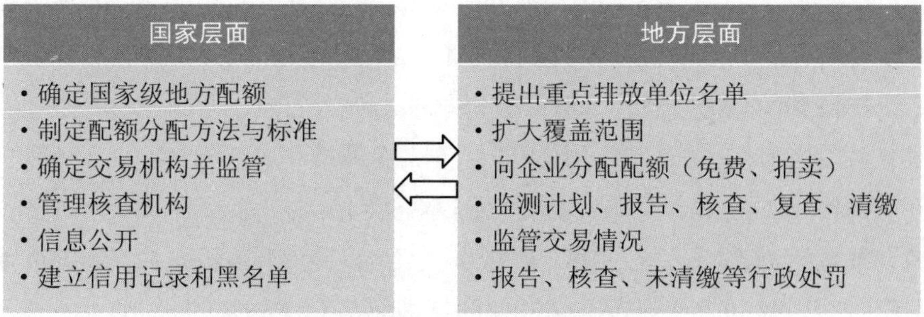

国家层面	地方层面
·确定国家级地方配额	·提出重点排放单位名单
·制定配额分配方法与标准	·扩大覆盖范围
·确定交易机构并监管	·向企业分配配额（免费、拍卖）
·管理核查机构	·监测计划、报告、核查、复查、清缴
·信息公开	·监管交易情况
·建立信用记录和黑名单	·报告、核查、未清缴等行政处罚

图 2-2 全国碳交易体系分级管理制度

开展重点行业配额分配和管理机制顶层设计。2015 年国家发展改革委组织相关研究单位对全国碳市场配额分配和管理机制进行了研究和顶层设计。目前已基本完成钢铁、电力、化工、建材、造纸、有色金属和航空等重点行业的配额分配方法和管理机制研究，提出了涉及 18 个子行业的配额分配方法。全国碳市场将基于有效果、有效率、透明、公正、适用的原则分配和管理化石燃料燃烧造成的直接排放和消费电力导致的间接排放的配额。在配额分配中致力于避免受经济产出市场波动的影响，避免过程中过多的事后配额调整，避免委托/代理的负面效果（地方保护），尽量避免影响产业竞争力，特别是避免一个企业一个分配方法或参数。

在配额分配方法上，针对首批纳入全国碳市场的行业特点以及碳市场减排目标要求，在综合考虑行业发展需求和减排潜力的基础上，制定基准线法和历史强度法分配配额，其中以基准线法为主。国家碳市场主管部门可根据行业排放数据信息可获性、数据质量以及排放特点等因素对不同行业的重点排放单位选用不同的分配方法。

初步制定重点行业企业排放配额分配方法后，国家发展改革委还将广泛征询地方、行业协会和企业对配额分配方法的意见，并采用该方法试分配配额，进一步验证配额分配方法的科学性、合理性和可操作性，进一步修改完善配额分配方法，最终确定全国碳市场配额分配方法。

（三）全国碳市场能力建设情况

全国碳市场建设中将持续深入开展碳交易能力建设，通过不断扩大教育培训、广泛开展合作交流、加强能力建设基地建设等形式提升碳交易和碳市场建设相关能力储备，为碳市场提供人员保障，并进一步提高公众认知碳交易、广泛参与低碳发展的积极性。

2015 年，国家主管部门深入开展碳交易相关能力建设，共举办全国性碳交易国内培训 10 余次，并组织地方、企业碳交易管理部门、研究机构、咨询机构相关人员赴英国、德国、日本等国培训。为了进一步扩大培训范围、规范培训教材、提高培训质量，主管部门还组织编写了全国碳市场建设培训系列教材，并正在组建专业的培训队伍和培训工作机制。

三、实施计划安排

为了顺利开展全国碳排放权交易市场建设，国家碳交易主管部门构建了国家、地方和行业协会（企业）三级管理框架，推动全国碳市场建设；同时，国家还制定了详细的建设方案，在总体目标、重点任务、时间进度和保障措施方面做出安排，全国碳市场建设将分三个阶段展开。

（1）第一阶段：2015—2016 年，全国碳市场准备阶段。2015 年，国家主管部门推动碳交易立法，制定了《碳排放权交易管理条例》（征求意见稿），并将进一步与国务院其他部门协作，使其尽早获得立法。另外，国家还制定了碳排放权交易和碳市场建设的相关配套管理细则和技术标准。2016 年，主管部门将继续推动完成碳交易立法工作，同时进一步完善碳市场政策法规体系和技术支撑体系建设，出台一系列管理细则和技术标准，包括碳排放权配额分配与管理办法、温室气体排放核查管理办法、碳排放权交易规则、履约管理办法等，完成碳排放权配额的初始分配和重点排放单位温室气体排放盘查，建设全国碳交易平台，为逐步建立全国碳排放权交易市场机制奠定基础。

（2）第二阶段：2017—2018 年，全国碳市场启动和试运行阶段。这一阶段国家和地方将依据出台的各项政策法规，启动全国碳排放权交易市场，进一步调整和规范碳排放权交易制度，加强温室气体排放核查制度建设，推动重点排放单位完成履约，实现市场稳定运行。

（3）第三阶段：2018 年之后，全国碳市场完善稳定和深化建设阶段。全国碳排放权交易市场将逐步扩大碳市场覆盖范围，逐步增加覆盖的行业企业，增加交易产品，发展多元化交易模式，逐步形成运行稳定、健康活跃的交易市场。同时，全国碳排放权交易市场还将积极探索与国际上其他碳市场进行连接的可行性。

参考文献

[1] 国家发展和改革委员会办公厅. 关于切实做好全国碳排放权交易市场启动重点工作的通知[Z]. 2016.

[2] 国家发展和改革委员会. 碳排放权交易管理暂行办法[Z]. 2014.

[3] 顾阳. 应对气候变化的中国“碳”路[Z]. 经济日报，2015-8-6.

第三章　碳交易试点年度评述

一、综述

（一）碳交易试点概况

为落实“十二五”规划纲要，国家发展改革委于2011年10月下发《关于开展碳排放权交易试点工作的通知》，批准北京、天津、上海、重庆、湖北、广东和深圳七省市开展碳排放权交易试点工作，确定2013—2015年作为碳交易试点阶段，并计划在试点经验基础上建立全国碳交易体系。

碳交易试点七省市地跨华北、中西部和东南沿海地区，覆盖国土面积48万千米^2，人口总数2.5亿，GDP合计14.2万亿元人民币，能源消费8.3亿吨标准煤，分别占全国总量的19%、27%和24%①。试点省市既覆盖了经济发达地区，还纳入了中西部欠发达地区，它们在社会经济发展、产业结构、能源消费、温室气体排放等方面既有共性，又有地区差异，代表性强（表3-1、表3-2和图3-1）。通过政策、技术和能力建设上的工作，七省市建立了各具特色的地方碳市场，为建立全国碳市场提供经验和借鉴。

① 以上为2014年数据，综合国家统计局和北京、天津、上海、重庆、广东、湖北及深圳统计局数据。

表 3-1 碳交易试点地区概况（2014 年）

地区	人口/万	GDP/亿元	人均GDP/元	三产占 GDP 比例/%	化石能源消费量/万 t 标准煤	人均化石能源消费量/t 标准煤	化石能源产生的二氧化碳排放/亿 t
北京	2 151.6	21 330.8	99 995	0.7/21.3/77.9	4 884.42	2.24	1.01
天津	1 516.8	15 726.9	103 684	1.3/49.4/49.3	6 337.97	4.15	1.48
上海	2 425.7	23 567.7	97 159	0.5/34.7/64.8	8 999.32	3.68	2.02
重庆	2 991.4	14 262.6	47 679	8.3/51.1/40.5	6 254.84	2.08	1.49
广东	10 724.0	67 809.9	63 232	4.7/46.3/41.5	20 952.52	1.94	4.93
湖北	5 816.0	27 367.0	47 055	0.1/42.7/57.2	12 217.29	2.09	2.97
深圳	1 077.9	16 002.0	149 497	9.2/42.7/48.1	—	—	—
全国	136 782.0	634 043.4	46 629	0.7/21.3/77.9	377 689.92	2.76	93.1

数据来源：北京、上海、天津、重庆、广东、湖北、深圳统计局；国家统计局能源统计司；《中国能源统计年鉴 2015》。

注：化石能源主要包括煤炭类、石油、天然气，其产生的二氧化碳排放根据国家温室气体排放清单化石燃料排放因子测算。

表 3-2 试点地区能效和碳排放强度下降目标对比

地 区	2010 年能源强度/（t 标准煤/万元 GDP）	2015 年能耗下降目标/%	2015 年 CO_2 排放强度下降目标/%
北 京	0.582	17	18
天 津	0.826	18	19
上 海	0.712	18	19
重 庆	1.127	16	17
广 东	0.664	18	19.5
湖 北	1.183	16	17
深 圳	0.513	19.5	21（全社会）

（二）碳交易试点运行情况

2013 年 6 月 18 日至 2014 年 6 月 19 日，深圳、上海、北京、天津、广东、湖北、重庆碳交易试点相继启动运行。2011 年年底至 2015 年年底的 4 年中，各省市发改系统高度重视碳交易试点建设，组织相关部门开展了各项基础工作，包括制定地方法律法规，确定总量控制目标和覆盖范围，建立温室气体排放测量、报告与核查（MRV）制度，分配排放配额，建立交易系统和规则，开发注册登记系统，设立专门管理机构，建立市场监管体系以及进行人员培训和能力建设等，形成了全面完整的碳交易制度体系。

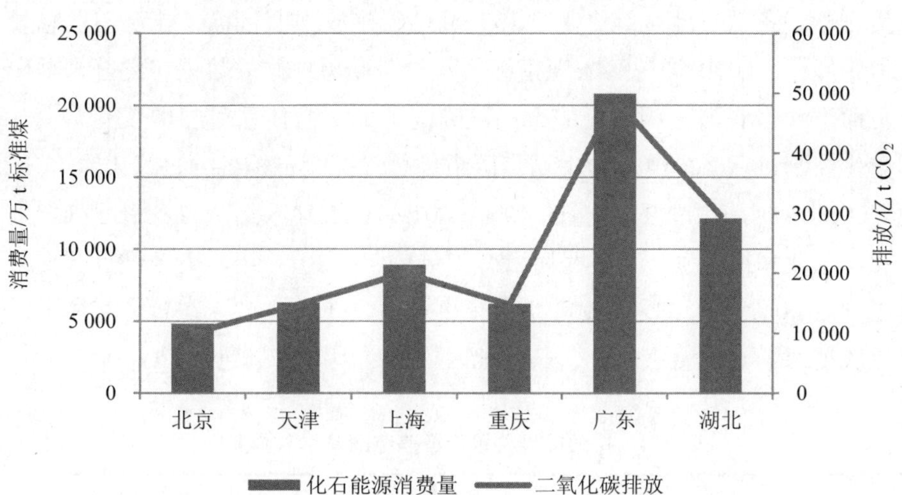

图 3-1 试点地区化石能源消费及其产生的二氧化碳排放（2014 年）

法律法规。试点地区注重碳交易法律法规建设，分别出台了具有不同法律效力的碳交易地方性法规、政府规章或部门规范性文件（表 3-3），确立了碳交易制度的目的、作用、管理和实施体系，规定了各方责任、义务以及惩罚措施，并颁布了配套实施细则和技术指南等，使碳交易政策的实施具有强制力、约束力和可操作性。

表 3-3 试点碳交易政策法规

地 区	政策法规	性 质
北 京	• 市人大决定（2013 年 12 月） • 碳交易管理办法（2014 年 5 月）	地方法规 政府规章
天 津	碳交易管理办法（2013 年 12 月）	部门文件
上 海	碳交易管理办法（2013 年 11 月）	政府规章
重 庆	• 市人大决定征求意见稿（2014 年 4 月） • 碳交易管理办法（2014 年 5 月）	地方法规 政府规章
广 东	碳交易管理办法（2014 年 1 月）	政府规章
湖 北	碳交易管理办法（2014 年 4 月）	政府规章
深 圳	• 市人大规定（2012 年 10 月） • 碳交易管理办法（2014 年 3 月）	地方法规 政府规章

总量目标与覆盖范围。碳交易制度的前提是确定碳交易体系排放控制总量目标。各试点地区综合考虑其二氧化碳排放强度目标、能源消费总量及增量目标、GDP 增速等宏观指标，并与企业历史排放数据相结合，采用自上而下和自底向上相结合的方式，确定了碳交易体系适度增长的温室气体量化控制目标。2014 年，七试点碳市场总量控制目标各异，总计约 12 亿吨 CO_2e/年，占地方排放总量的 40%～60%。试点地区结合自身情况确定了行业、企业和控排气体，并呈阶段性扩展趋势。2014 年，七个试点碳交易覆盖行业 20 余个，纳入 2 000 余家企事业单位（表 3-4）。在管控气体上，仅重庆纳入了 6 种温室气体，其他地区均明确现阶段只包括 CO_2。

表 3-4　排放配额总量、覆盖范围及纳入企业

	总量	行业与企业	纳入企业标准
北京	约 0.55 亿 t CO_2，占地方排放 40%	电力热力、水泥、石化、其他工业企业、服务业，415 家（2013 年）、543 家（2014 年）企事业单位和国家机关	年排放 1 万 t CO_2（2009—2012 年）
天津	约 1.6 亿 t CO_2，占地方排放 50%～60%	钢铁、化工、电力热力、石化、油气开采五大重点排放行业，114 家（2013 年）、112 家（2014 年）企业	年排放 2 万 t CO_2（2009 年以来）
上海	约 1.5 亿 t CO_2，占地方排放 40%	钢铁、石化、化工、有色、电力、建材、纺织、造纸、橡胶、化纤等工业行业以及航空、港口、机场、铁路、商业、宾馆、金融等非工业行业，191 家（2013 年）、190 家（2014 年）企业	工业行业：年排放 2 万 t CO_2 非工业行业：年排放 1 万 t CO_2 （2010—2011 年）
重庆	约 1.3 亿 t CO_2e，占地方排放 40%	电力、冶金、化工、建材等多个行业，242 家（2013 年）、237 家（2014 年）、233 家（2015 年）企业	年排放 2 万 t CO_2e（2008—2012 年）
广东	约（3.5+0.38）亿 t CO_2，占地方排放 58%（2013 年）； （3.7+0.38）亿 t CO_2，占地方排放 50%以上（2014/2015 年）	电力、钢铁、石化和水泥，184 家企业+40 家新建项目企业（2013 年） 电力、钢铁、石化和水泥，184 家企业+18 家新建项目企业（2014 年） 电力、钢铁、石化和水泥，186 家企业+31 家新建项目企业（2015 年）	年排放 2 万 t CO_2（2011—2012 年）

	总量	行业与企业	纳入企业标准
湖北	约 3.24 亿 t CO_2，占地方排放 44%	电力、钢铁、水泥、化工、石化、汽车及其他设备制造、有色金属和其他金属制品、玻璃及其他建材、化纤、造纸、医药、食品饮料 12 个行业，138 家企业	年能耗 6 万 t 标准煤（2010—2011 年）
深圳	约 0.3 亿 t CO_2，占地方排放 40%	能源生产、加工转换行业和工业（制造）26 个行业和公共建筑，636 家企业	工业行业：年排放 3 000 t CO_2；大型公共建筑和国家机关办公建筑：1 万 m^2

温室气体排放的测量、报告与核查（MRV）制度。为了保证碳交易体系实施并确定其环境效果，需要对纳入碳交易制度的企业进行温室气体排放的监测和报告，对排放报告须进行第三方核查。各试点地区开发制定了分行业的排放量测量与报告方法和指南，建立了企业排放电子报送系统。对企业报送的历史数据和遵约年数据进行了严格的第三方核查，以保证排放数据的科学性、准确性，提高碳交易制度的可信度。对第三方核查机构实施准入制度并制定了相关标准，进行严格审批和监管（表 3-5）。

表 3-5　温室气体排放测量、报告与核查制度

地区	技术标准、指南	核查机构	电子报送
北京	• 6 个行业排放核算和报告指南 • 核查指南，核查机构管理办法，专家/机构复审	22 家	√
天津	• 5 个行业排放核算指南 • 1 个排放报告指南	4 家	√
上海	• 通则*+9 个行业的排放核算和报告指南 • 第三方核查机构管理办法	10 家	√
重庆	• 核算和报告指南 • MRV 细则 • 核查工作规范	11 家	√
广东	• 通则**+4 个行业排放报告 • 报告与核查实施细则，核查规范	29 家	√
湖北	• 通则***+11 个行业排放核算方法和报告指南 • 核查指南、第三方核查机构管理办法	3 家	√

地区	技术标准、指南	核查机构	电子报送
深圳	• 核算和报告指南 • 核查指南 • 对建筑物、公交车和出租车企业的核算方法和报告的特殊要求	28 家	√

注：* 指《上海市温室气体排放核算与报告指南（试行）》。

** 指《广东省企业（单位）二氧化碳排放信息报告通则（试行）》。

*** 指《湖北省工业企业温室气体排放监测、量化和报告指南（试行）》。

配额分配。通过自底向上收集排放源数据和自上而下确定年度排放目标，各地制定了由现有企业配额、新增产能配额和调控配额组成的排放配额总量，一个配额为 1 吨二氧化碳/二氧化碳当量。多数试点地区将初始配额免费分配到企业，并预留拍卖方式。对大多数行业企业根据其历史排放分配配额，对数据条件好、产品单一的行业采用基准法分配配额。还有地区创新了竞争博弈法和绩效奖励法等，将 CO_2 强度下降与配额分配相结合，以确保实现地方 CO_2 强度目标（表 3-6）。对于新增产能，采用行业先进值或根据实际排放需要分配。鉴于是首次盘查历史数据并确定碳排放总量目标，配额的生成存在不确定性，因此很多地区制定了配额调整机制，对配额总量和企业分配量可进行事后调节。

表 3-6　配额分配

地区	方法	拍卖	免费
北京	• 历史法：既有设施 • 基准线法：新增设施	暂无	逐年分配
天津	• 历史法：其他行业 • 基准线法：电力热力	暂无	逐年分配
上海	• 历史法：工业行业（除电力） • 基准线法：电力、航空等	2014 年 6 月 30 日拍卖 7 220 t	一次性发放三年配额
重庆	政府总量控制与企业竞争博弈相结合	暂无	逐年分配
广东	• 历史法：钢铁、石化 • 基准线法：电力、水泥	• 配额总量 3%拍卖，拍卖 5 次共 1 112 万 t（2013 年） • 电力行业配额总量 5%、其他行业配额总量 3%拍卖，拍卖 6 次共 403.8 万 t（2014 年、2015 年）	逐年分配

地区	方法	拍卖	免费
湖北	• 历史法：非电力行业 • 标杆法+历史法：电力	政府预留 30%配额拍卖 2014 年 3 月 31 日拍卖 200 万 t	逐年分配
深圳	• 制造业：竞争性博弈法 • 建筑业：排放标准	2014 年 6 月 6 日拍卖 7.5 万 t	逐年分配

遵约与监管。各地对控排企业的遵约做出详细规定，即在一个交易年度中，企业需要提交排放监测计划，完成上年度排放报告，报告经第三方核查机构核查后，根据核定排放量进行上一年的配额上缴遵约。如果企业没有履行报告、核查和上缴配额等义务，将依照地方法规和政府规章予以处罚（表 3-7）。对第三方核查机构的作假等不当行为也规定了相应的惩罚措施和标准。对交易市场通常由各地交易所根据与现货市场相关的法律法规进行监管。试点地区还建立了各自的注册登记系统，进行配额和履约管理。各试点 2013 年度和 2014 年度的履约表现良好，实现了很高的履约率。

表 3-7　遵约周期及违约处罚

地区	排放报告	核查报告	遵约日	处 罚	履约率
北京	3 月 20 日	4 月 5 日	6 月 15 日	• 未按规定报送碳排放报告或核查报告可处 5 万元以下罚款 • 未足额清缴部分按市场均价 3～5 倍罚款	• 97.1%(2014) • 100%(2015)
天津	4 月 30 日	4 月 30 日	5 月 31 日	• 对交易主体、机构、第三方核查机构等违规限期改正 • 违约企业限期改正，3 年不享受优惠政策	• 96.5%(2014) • 99.1%(2015)
上海	3 月 31 日	4 月 30 日	6 月 1—30 日	• 违约企业罚款 5 万～10 万元，记入信用记录，向工商、税务、金融等部门通报 • 取消享受当年及下年度本市节能减排专项资金支持政策的资格	• 100%(2014) • 100%(2015)
重庆	2 月 20 日	暂无	6 月 20 日	• 未报告核查处 2 万～5 万元罚款，虚假核查处 3 万～5 万元罚款 • 违约配额按清缴届满前一个月配额平均价格的 3 倍处罚	未公布

地区	排放报告	核查报告	遵约日	处 罚	履约率
湖北	2 月最后一个工作日	4 月最后一个工作日	6 月最后一个工作日	• 未监测和报告罚 1 万～3 万元；扰乱交易秩序罚 15 万元 • 对违约企业以市场均价 1～3 倍但不超过 15 万元罚款，在下一年双倍扣除违约配额	• 100%（2015）
广东	3 月 15 日	4 月 30 日	6 月 20 日	• 不报告罚款 1 万～3 万元，不核查罚款 1 万～3 万元 • 对违约企业在下一年度配额中扣除未足额清缴部分 2 倍配额，罚款 5 万元	• 99%（2014） • 100%（2015）
深圳	3 月 31 日	4 月 30 日	6 月 30 日	• 交易主体、机构、核查机构违规处 5 万～10 万元罚款 • 对违约企业在下一年度配额中扣除未足额清缴部分，按市场均价 3 倍罚款	• 99.4%（2014） • 99.7%（2015）

交易市场。试点地区先后建立了 7 个交易平台作为碳交易试点的指定交易场所，交易品种为地方配额和中国核证自愿减排量（CCER）等。交易主体为遵约企业、国内外机构和个人。北京要求大宗交易实行场外协议转让，其他地区规定必须采用场内交易模式。

2013 年 6 月 18 日至 2015 年 12 月 31 日，七个试点碳市场排放配额交易量共计 5 031.5 万吨，交易额超过 13.4 亿元人民币；其中公开交易 3 637.3 万吨，交易额约 9.8 亿元；协议交易 1 394.2 万吨，交易额 3.5 亿元（图 3-2 和图 3-3）。湖北、广东、北京的交易量占交易总量的 73%，湖北、北京和深圳的交易额占总交易额的 69%。

配额价格主要通过公开竞价和协议交易形成。初始价格通常根据减排成本和企业调查结果确定，其中深圳、上海和天津的开盘价相近（25～30 元/吨），反映了市场预期。北京和广东的初始价格较高（50～60 元/吨），主要受地方减排成本和政府导向影响。2013 年度履约期间，价格低开的地区逐渐走高，随着 2013 年排放状况的清晰和遵约期临近，很多企业配额出现缺口，买单增加，卖家惜售，配额价格上涨。在 2014 年度履约期间，由于受配额发放过量的影响，多数试点的碳价出现明显下跌（图 3-4）。

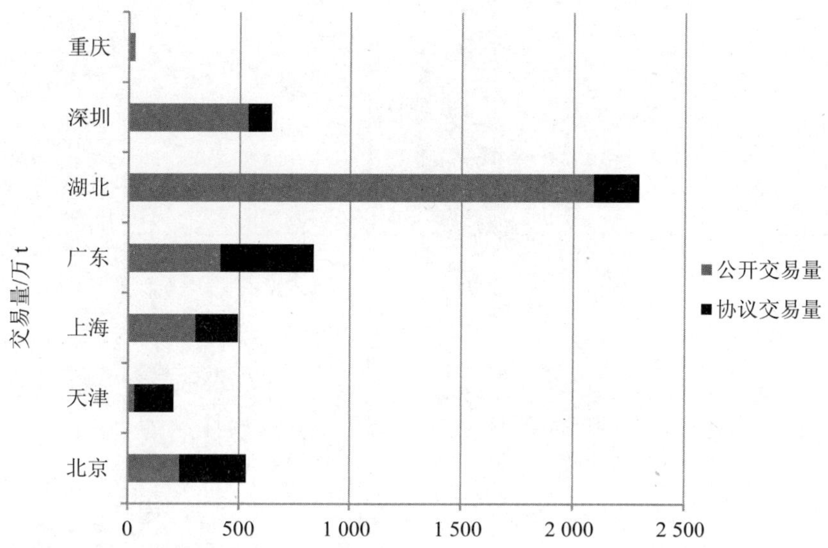

图 3-2 试点地区交易量

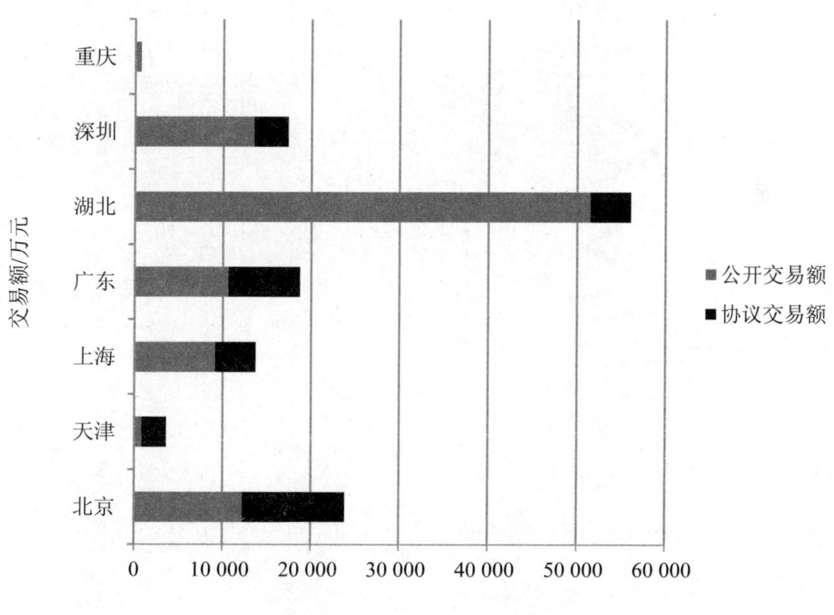

图 3-3 试点地区交易额

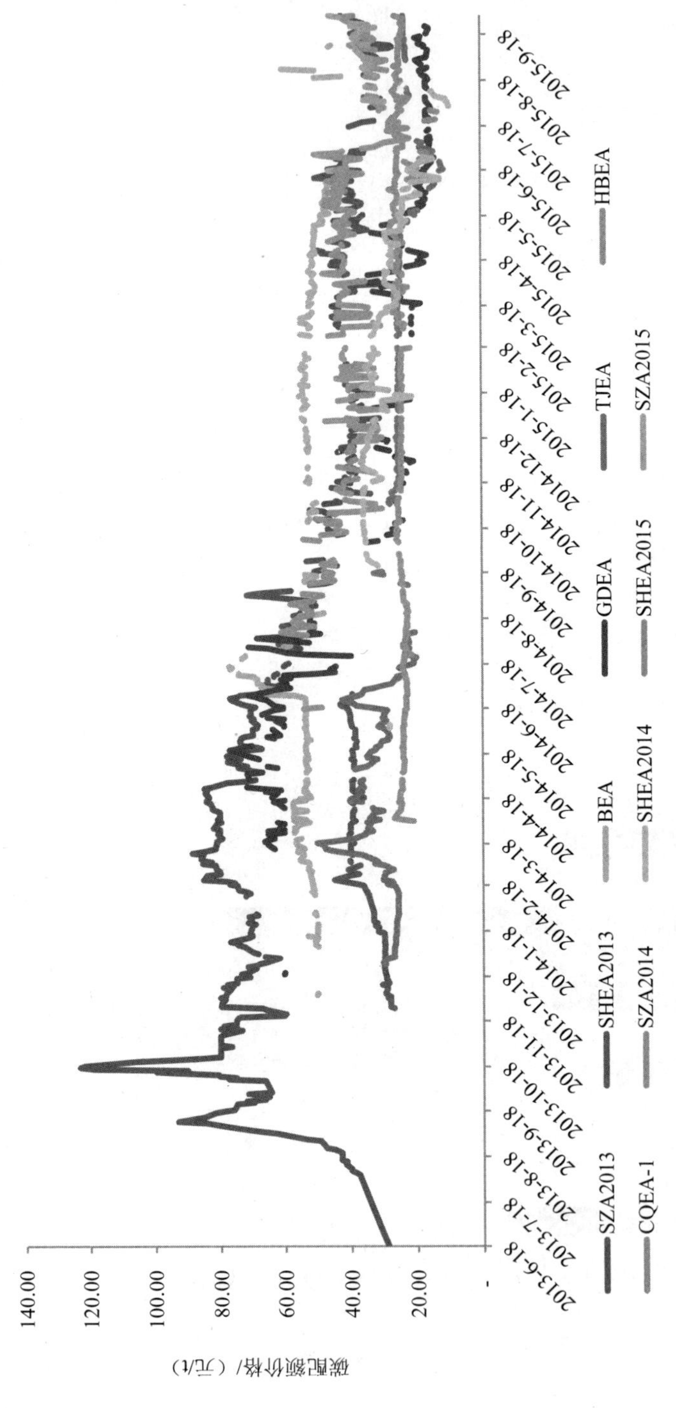

注：BEA——北京市碳排放权配额；GDEA——广东省碳排放权配额；SHEA——上海碳排放权配额；CQEA——重庆市碳排放权配额；TJEA——天津碳排放权配额；SZA——深圳市碳排放权配额；HBEA——湖北市碳排放权配额

图 3-4　试点地区碳配额价格走势

每年6月遵约期前后(2014年及2015年6月)地方配额差异性较大(图3-5)。其中2014年6月地方配额价格从23元/吨(湖北)到72元/吨(深圳)不等，呈现出经济发达地区碳价高、欠发达地区碳价低的趋势；而2015年6月地方配额价格较上年出现大幅下跌，从13元/吨（天津）到44元/吨（北京）不等。同一试点在不同履约期的价格也有明显差异，其中最明显的是广东，价格从60元/吨（2014年6月）下降到17元/吨（2015年6月）。碳价的差别反映了各地碳交易政策基本面、配额供给与需求、减排成本以及市场活跃程度等方面的差异。

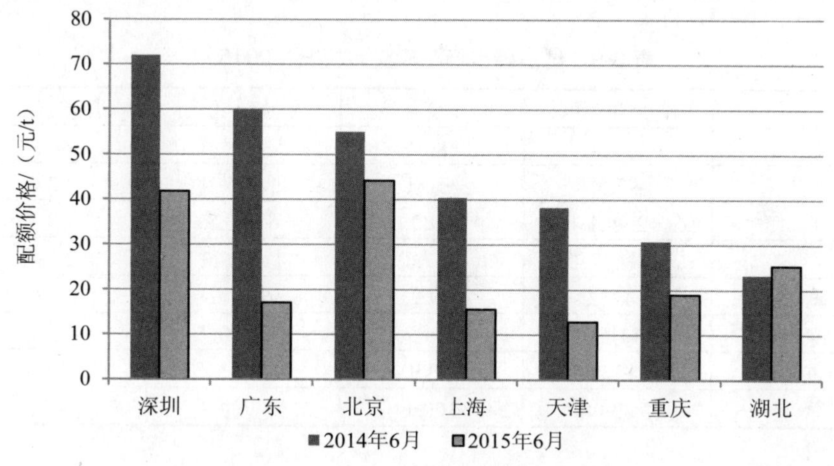

图 3-5 试点地区配额价格对比

在拍卖市场，广东和湖北采用拍卖方式进行部分初始配额分配，上海和深圳在履约截止期前拍卖部分预留配额以促进控排单位履约。截至2015年12月31日，配额拍卖总量1 724.3万吨，拍卖金额合计约8.2亿元，其中广东分别占87.9%和94.8%（表3-8）。广东、湖北、深圳和上海拍卖平均价格分别为51.3元/吨、20元/吨、35.4元/吨和48元/吨。

（三）碳交易试点2015年运行情况

2015年试点碳市场交易规模和活跃度大幅提升。全年碳市场交易量总计3 333.8万吨，比2014年翻了一番；交易额约8.6亿元人民币，比2014年增长48.3%。其中公开交易2 363.5万吨，交易额6.4亿元；协议交易970.4万吨，交易额约2.2亿元（表3-9、图3-6）。

表 3-8 配额拍卖情况

地 区	时间	交易量/万 t	价格/（元/t）	金额/万元
广 东	2013 年	300	60.00	18 000
	2014 年	1 082.4	51.78	56 044.3
	2015 年	133.7	27.45	3 670.2
	小 计	1 516.1	51.26	77 714.50
湖 北	2014.03.31	200	20.00	4 000.00
深 圳	2014.06.06	7.5	35.43	265.60
上 海	2014.06.30	0.7	48.00	34.70
合 计		1 724.3	47.56	82 014.8

表 3-9 试点碳市场配额交易情况（2015）

	交易量/万 t	同比变化/%	交易额/万元	同比变化/%
北 京	316.4	48.26	13 126.0	24.0
天 津	97.5	−3.51	1 395.1	−32.0
上 海	2 94.1	49.0	6 090.8	−19.3
广 东	695.7	447.6	11 399.3	72.8
湖 北	1 475.2	79.9	36 648.9	88.8
深 圳	441.7	129.7	16 840.7	43.87
重 庆	13.2	−8.9	233.5	−47.6
总 计	3 333.8	100.1	85 734.3	47

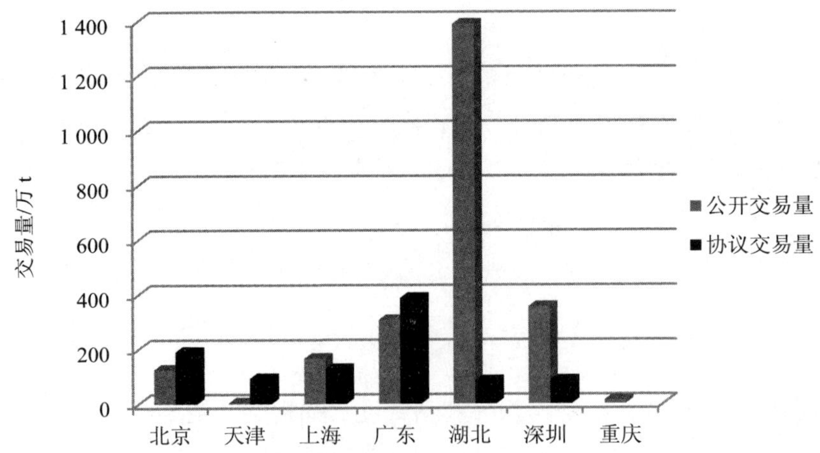

图 3-6 碳交易试点配额公开/协议交易情况（2015）

在七个碳交易试点中，湖北碳市场全年交易量接近 1 500 万吨，是年交易量唯一超千万吨规模的试点碳市场，占试点地区全年交易总量的 44%。广东、深圳、北京、上海的年交易量维持在百万吨规模，四个试点交易量之和占全年交易总量的 53%。天津、重庆碳市场交易量较低，合计仅 110 万吨，比 2014 年进一步下降。在交易额方面，由于试点配额价格存在一定差异，相对交易量而言，深圳、北京较 2014 年占比略有提升，广东占比相对下降，其他试点占比水平基本持平（图 3-7）。

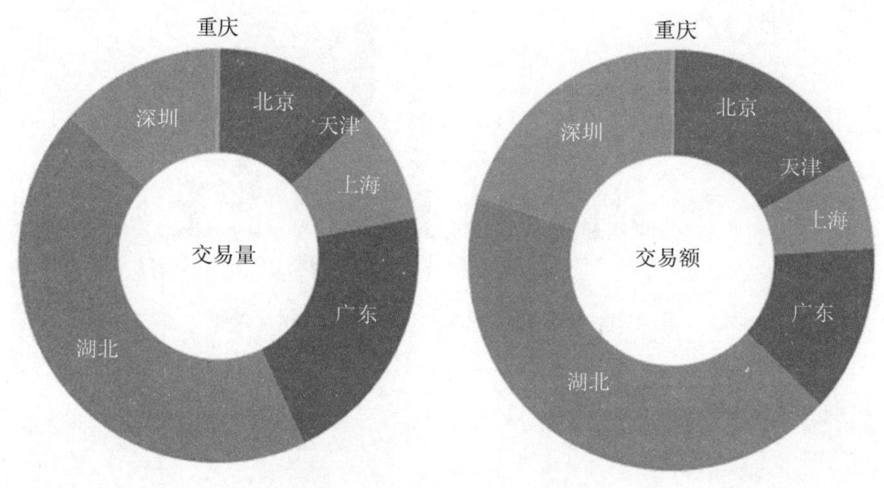

图 3-7　碳交易试点交易量、交易额地区构成（2015）

交易时间集中是本年度试点碳市场的重要特征。从图 3-8 中可以看出，在临近履约截止期（6 月、7 月）阶段，交易量明显上升，分别达到 493.7 万吨和 1 079.3 万吨，在全年交易量中占比分别为 14.8%和 32.4%。交易时间集中反映出履约是企业开展碳交易的主要目的，控排企业是碳市场的交易主体。

2015 年各试点配额价格整体不断下探，跌幅显著（图 3-9）。试点碳市场全年交易均价为 25.7 元/吨，比 2014 年下降 26.6%。除湖北配额 2015 年度均价与 2014 年水平基本持平外，其余试点配额年度均价出现大幅下跌。广东、上海、重庆配额均价同比跌幅超过 40%，上海配额价格甚至一度跌破 10 元/吨（图 3-10）。配额总量宽松、CCER 入市、经济下行等因素是造成 2015 年碳价下挫的重要原因，碳市场结构性的供需失衡也导致价格探底后反弹能力有限。

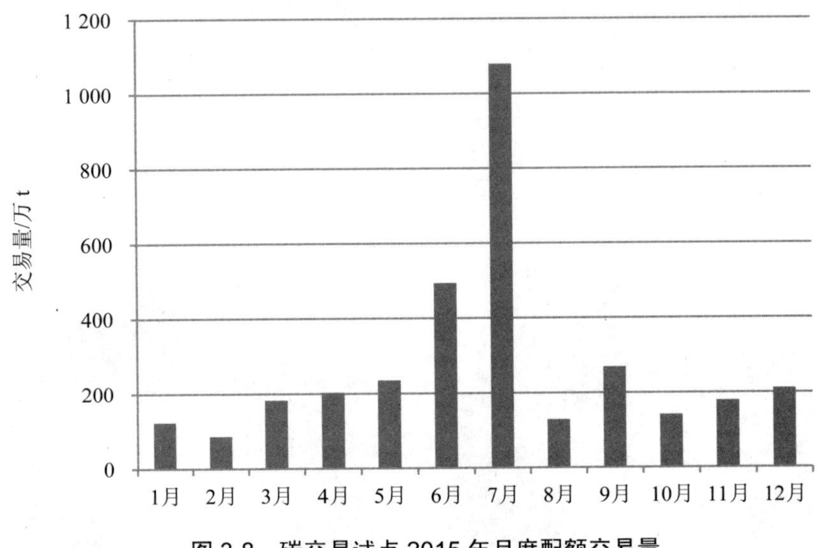

图 3-8 碳交易试点 2015 年月度配额交易量

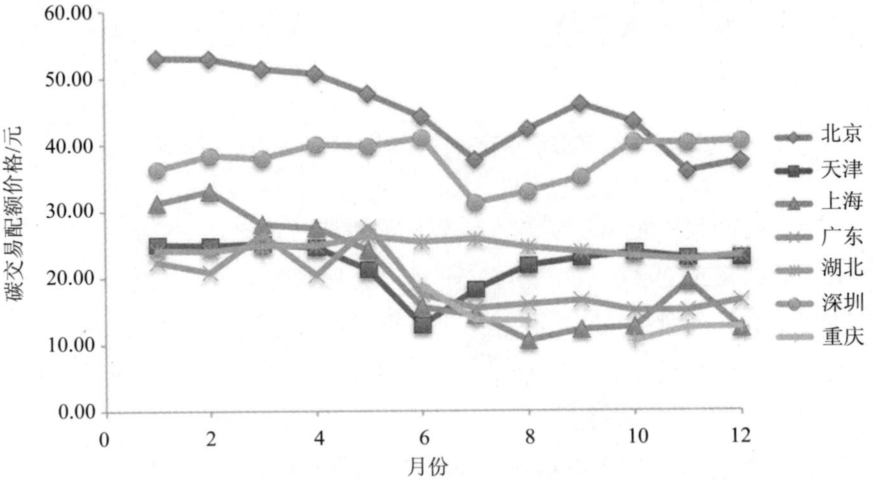

图 3-9 碳交易试点 2015 年配额均价走势

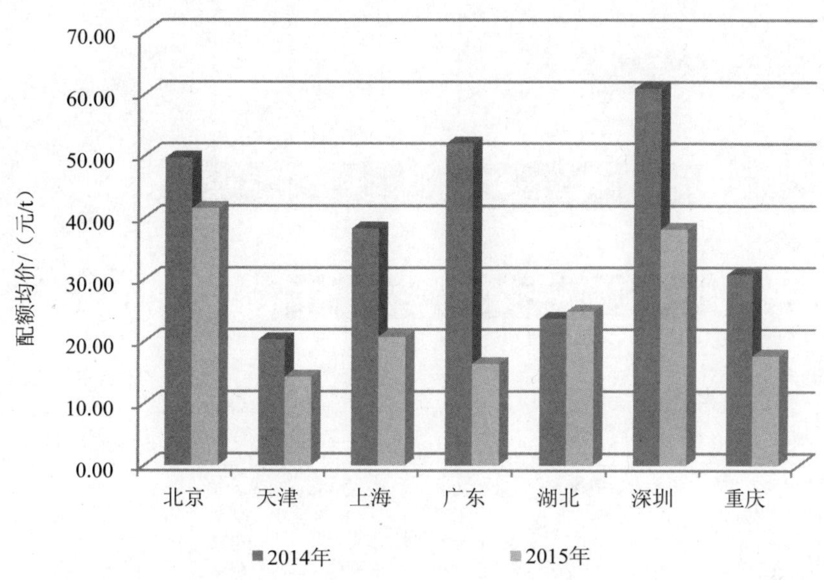

图 3-10　碳交易试点 2015 年配额均价走势

公开交易。2015 年试点碳市场公开交易 2 363.5 万吨，同比增长 93%，交易额 6.4 亿元，增幅约 45%。配额公开交易均价约 27.1 元/吨，同比降幅近 25%。湖北碳交易试点公开交易量最高，达到 1 390.4 万吨，约占试点总交易量的 59%；深圳、广东公开交易量分别为 355.9 万吨、307.7 万吨，在全国公开交易量中的占比分别为 15.06%和 13%；相比之下，其余碳交易试点公开交易规模比较有限。

协议交易。2015 年试点碳市场协议交易总量为 970.4 万吨，同比增长 120%，成为公开交易之外的重要交易方式。配额协议交易均价约为 22.3 元/吨，比公开交易均价（27.1 元/吨）低 17.7%。第二、三季度协议交易最为活跃，达 768.8 万吨，占全年协议交易总量的 80%左右，与履约期时间重合（图 3-11）。七个碳交易试点中，广东协议交易量最大，达 388 万吨，占协议交易总量的 40%；北京紧随其后，协议交易量为 190.8 万吨，占总量的 20%；上海、天津、深圳、湖北占年度协议交易量比例均保持在 10%左右，重庆无协议交易。

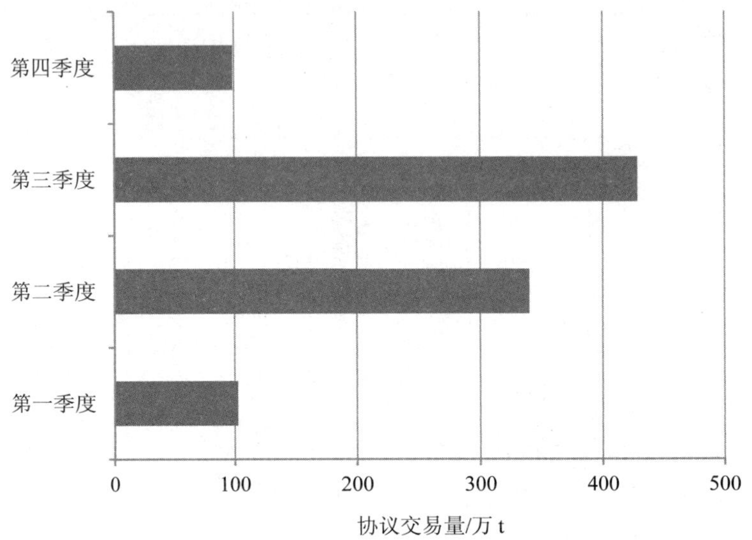

图 3-11 碳交易试点季度配额协议交易情况（2015）

配额拍卖。2015 年，广东是唯一采用配额有偿竞价机制的碳交易试点，共完成 4 次配额有偿竞价发放，交易量合计 133.7 万吨，总成交金额 3 670.2 万元，交易均价 27.45 元/吨。在 9 月和 12 月的拍卖中，广东根据上一履约年度碳市场拍卖及运行情况调整了拍卖规则，制定政策保留价，旨在形成一级市场与二级市场间价格传递机制。19 家控排企业、新建项目单位及投资机构参加了 9 月的有偿竞价发放，拟发放的 30 万吨配额全部售出，价格为 16.10 元/吨。在 12 月的有偿竞价发放中，共 9 家控排企业、新建项目单位及投资机构参加，拟发放的 30 万吨配额全部售出，价格为 15 元/吨，与二级市场配额价格基本一致（表 3-10）。

表 3-10 试点碳市场配额拍卖情况

时 间	地 区	拟发放量/t	有效申报量/ t	交易价格/（元/t）	交易量/t
2015-3-27	广东	1 000 000	422 461	35.0	422 461
2015-6-10	广东	3 000 000	314 643	40.0	314 643
2015-9-21	广东	300 000	1 041 657	16.10	300 000
2015-12-21	广东	300 000	468 067	15.00	300 000

碳金融创新。随着我国试点碳市场交易规模的扩大、交易品种的丰富、市场活跃度的提升，碳交易市场对券商等金融机构以及国家金融主管部门的吸引力不断上升。

结合碳市场特征，金融机构开发了一系列以配额、CCER为基础的碳金融产品，涵盖了质押贷款、抵押贷款、债券、基金等主要金融产品类型（表3-11）。在产品设计方面，借鉴了传统金融产品特征，在成本收益结构、风险分配机制等方面具有较高的相似度，但在标的物选取、估值方法等方面存在明显差异，并普遍规定了该类资金需定向投入碳市场与减碳项目。此外，在中国人民银行等金融主管部门的指导下，金融机构与企业尝试开展了绿色债券等新兴绿色金融服务。

表3-11　碳交易试点主要碳金融产品（截至2015年年底）

碳金融产品	主要内容	地点	参与方	融资规模
碳质押	重点排放单位或其他配额持有者以配额、CCER等碳单位为质押物向商业银行等金融机构申请贷款	湖北	兴业银行武汉分行与湖北宜化集团（2014年9月） 建设银行湖北省分行与华能武汉发电有限公司（2014年11月） 光大银行武汉分行与湖北金澳科技化工有限公司（2014年11月） 中国进出口银行湖北省分行与湖北宜化集团（2015年8月）	2014年：4.4亿元 2015年：1亿元 合计5.4亿元
		上海	上海银行和上海宝碳新能源环保科技有限公司（2015年5月）	合计500万元
碳抵押	重点排放单位或其他配额持有者以配额、CCER等碳单位为抵押物向商业银行等金融机构申请贷款	广东	华电新能源公司和浦发银行（2015年3月）	1 000万元
碳债券	政府、企业等为筹集低碳经济项目资金而发行的债券，其特点在于将碳市场收益情况与债券的利率水平关联	深圳	发行方为中广核风电有限公司；浦发银行和国家开发银行为主承销商；深圳排放权交易所和中广核财务有限责任公司担任财务顾问（2014年5月）	10亿元
碳基金	政府、企业、金融机构等设立并用于购买配额、CCER等碳单位的专项基金	湖北	诺安基金管理有限公司（2014年11月）	3 000万元
		深圳	深圳嘉德瑞碳资产投资咨询有限公司（2014年10月）	5 000万元
		上海	海通资管、海通新能源和上海宝碳（2015年1月）	2亿元

碳金融产品	主要内容	地点	参与方	融资规模
配额回购	重点排放单位或其他配额持有者向碳排放权交易市场其他机构交易参与人出售配额，并约定在一定期限后按照约定价格回购所售配额，从而获得短期资金融通	北京	中信证券与北京华远意通热力科技股份有限公司（2015 年 1 月）	1 330 万元

2015 年我国各类碳金融交易共完成 5 笔①，与 2014 年相比略有下降，交易规模共计 3.283 亿元，较 2014 年水平（15.2 亿元）降幅近 80%。碳金融活跃度下降反映出金融机构在开展碳金融业务方面仍处于摸索的阶段，对碳市场政策稳定性和连续性、碳配额属性、配额流动性等不确定性因素缺乏风险控制手段，难以丰富业务类型、扩大业务规模；另一方面，已开展的碳金融业务针对碳单位及碳市场运行特征的创新不足，业务可复制性较低。

（四）取得的成就

1. 建立了具有一定法律约束力的"上限—贸易"政策体系，确立了碳交易监管模式

试点地区出台了一系列具有不同法律效力的碳交易地方法规（北京、深圳和重庆）、政府规章（上海、广东和湖北）和部门规范性文件（天津），形成了以地方人大立法为依据、碳交易管理办法为核心、实施细则和指南标准为技术支撑的试点政策法规体系，使碳排放权交易政策的实施具有强制力、约束性和可操作性。根据相应规范，各试点省市形成了由其碳交易主管部门、碳排放权交易机构、注册登记系统管理机构等相关方组成的多层级、跨部门的碳交易监管架构，保证了碳交易政策的有效实施。

2. 确定了碳排放权交易总量目标与覆盖范围，推动落实地方温室气体排放控制目标

试点地区结合自身经济发展、二氧化碳强度目标以及企业历史排放等

① 据公开完整交易信息的项目统计。

指标数据，制定了碳排放权交易政策覆盖范围内适度增长的温室气体排放总量目标，主要用能单位均被纳入碳排放权交易体系，碳交易与其他节能减排、优化能源结构等低碳政策共同在地方实现“十二五”CO_2强度目标和控制温室气体排放方面发挥了重要作用，部分试点地区提前实现了“十二五”目标（表 3-12）。

表 3-12　低碳政策效果

地 区	低碳政策（含碳交易）效果
北 京	• 重点排放单位在 2013—2014 年累计实现减排二氧化碳 630 万 t • 2014 年，重点排放单位二氧化碳排放量同比降低 5.96%，二氧化碳排放量同比下降率及绝对减排量均明显高于 2013 年，协同减排 1.7 万 t 二氧化硫和 7 310 t 氮氧化物，减排 2 193 t PM_{10} 和 1 462 t $PM_{2.5}$
上 海	• 2013 年，工业行业控排企业碳排放较 2011 年减少 531.7 万 t，降幅 3.5% • 2014 年控排企业的碳排放比 2011 年减少 11.7% • 提前一年完成了“十二五”节能减排目标
深 圳	• 经济总量保持较高增长，但能源消耗、碳排放增幅连年下降，万元 GDP 能耗从 2010 年 0.51 t 标准煤下降到 2014 年的 0.404 t 标准煤；万元 GDP 二氧化碳排放量由 2010 年的 0.871 t 降至 2014 年的 0.673 t • 2013 年深圳 635 家控排企业碳排放较 2011 年下降了 370 万 t，降幅约 11%
湖 北	• 2014 年湖北 138 家控排企业排放总量为 2.36 亿 t 二氧化碳，比 2013 年下降 767 万 t，同比降幅 3.14% • 在行业层面，九个行业实现减排，排放下降最显著的是电力和钢铁行业
广 东	• 2014 年，钢铁、石化、水泥、电力四大纳入行业的碳排放总量同比下降 1 231 万 t，降幅 3.69%。其中粗钢、原油加工的单位产品碳排放分别比 2013 年下降 3.02%和 7.24%

3. 建立了坚实的技术支撑体系

试点地区制定了温室气体排放测量、报告与核查制度，建设了排放信息电子报送系统、遵约登记簿、交易所和交易系统，为碳交易制度的实施打下了坚实的技术基础。其中温室气体排放的测量、报告与核查是重要基础性工作，各试点地区投入力量开发了分行业的核算报告指南或地方标准，规定对企业的历史和遵约年数据进行盘查或第三方核查。对第三方核查机构/核查员的准入设立标准，实行备案和监管，以确保排放数据的真实可靠。2 000 多家企业报告近 5 年排放数据，揭示了企业和行业的排放状况与趋势，为应对气候变化决策、制定减排政策措施提供了有力的技术支撑。

4．形成了碳交易市场及碳定价机制、创新碳金融

试点地区通过建立交易平台、制定交易规则和交易品种、规定交易主体（从遵约企业逐渐扩展到国内外机构和个人）及引入碳金融，形成了日趋活跃的碳交易市场。七试点交易市场合计成为全球第二大碳市场，形成了中国的碳定价机制，使中国成为国际碳市场和碳价体系的重要组成部分。中国企业也通过交易市场认识了碳排放权的资源属性，促进了企业和社会低成本减排。部分试点以地方配额或 CCER 为标的推出了碳质押、碳抵押、碳债券、碳基金和配额回购等碳金融产品和业务，得到投资者的认可，为活跃碳市场起到了积极作用。

5．企业能力和意识显著提高

随着碳交易制度的推进和深化，参与试点的企业单位在应对气候变化、减少温室气体排放、排放核算、碳资产管理等方面的意识、知识和能力得到明显提高。碳交易制度使企业必须进行科学管理并采取技术或市场手段控制温室气体排放，促使企业加强内部管理并提升技术水平，加速其走向低碳化发展道路，从而带动产业转型。

6．碳排放权交易相关服务业快速发展

碳排放权交易试点的实施带动了环境产业、咨询服务、碳金融服务、金融创新等领域的发展，吸引资金参与减排，创造就业机会并形成经济增长点，为应对气候变化的行动注入了活力。试点地区涌现了一批相关的专业机构和人员从事与碳排放权交易相关的咨询服务，使中国低碳产业服务水平得到提升。

7．探索建立区域碳市场

部分地区在实施碳排放权交易试点的同时还发挥了典型示范作用，带动周边地区认知并探索碳排放权交易制度，开展跨区域碳市场合作。如 2014 年年底，北京市启动了与河北省承德市以及内蒙古呼和浩特市、鄂尔多斯市的京冀、京蒙跨区域碳排放交易试点，承德市 6 家水泥企业纳入了北京碳市场，并已于 2015 年完成了首期履约；深圳与内蒙古包头市、江苏淮安市在碳排放权交易能力建设、建立并连接区域碳市场方面进行了实质性合作。

（五）存在的问题

1．法律体系尚不健全

碳交易政策的实施需要法律依据和保障。地方试点普遍面临碳交易政策的强制性和约束力较弱的问题。仅少数地区出台了法律效力高的人大决定，多数地区的碳交易地方规章法律位阶较低，效力有限，对违规和未遵约主体的处罚力度不强，难以对市场主体形成足够的约束力，为执法带来挑战。

2．技术基础欠缺，总量设置宽松

碳总量控制与交易制度在我国尚属新生事物。试点地区在总量目标、覆盖范围、配额分配、排放数据等关键领域缺乏基础数据、理论方法和技术支撑，使体系设计存在一定缺陷，特别是在配额总量制定和分配上不确定性明显。由于缺乏数据和基础性研究，以及为减少实施阻力，多数试点配额总量设定较宽松（仅少数试点配额分配较严格或在配额宽松时进行事后调节），2014—2015 年经济下行导致配额进一步过剩，致使 2015 年配额价格出现较大幅度下跌。缺乏调节机制的“量化宽松”对政策的环境效果和碳价都产生了负面影响。

3．政策缺乏稳定性和透明度

碳市场是政策产物，政策制定、变动和行政干预等都将对碳市场供需关系、碳价格、交易活动等产生直接影响。试点地区在实施过程中边干边学，不断修改政策规则（如拍卖机制、CCER 使用规则等），对碳市场基本面产生负面影响，挫伤了市场参与者的信心。另外，控排企业、投资机构和个人等市场主体难以从公开、透明的渠道获得配额总量及分配、MRV、拍卖定价、交易数据等基本面信息，加之规则频繁变动，国家政策预期不明朗，使碳市场成为高风险领域，显著降低了市场主体的参与度。

4．市场化程度不高，交易活跃度有限

碳交易政策的目的是发挥市场机制在资源配置上的优势，通过市场发现碳价格，促进企业和社会以低成本实现减排。试点过程中政府在碳价和交易等方面干预较多，致使碳交易市场化程度不高。另外，由于市场和价格分散、交易平台过多、信息不透明以及受限于国家其他涉及碳现货交易规则方面的政策，因此碳市场交易规模有限、活跃度不高，效率低下。排放权缺乏统一属性界定还会引发法律和财务风险，进一步阻碍了碳市场健康、可持续地发展。

5．监管体系不完善

碳排放权交易的监管对象主要包括控排企业、第三方核查机构和交易机构等。由于相关法规和实施细则的缺位，部门权力交叉以及人力、物力方面的限制，各试点碳排放权交易主管部门监管能力有限，容易造成对第三方核查机构和交易机构的监管不到位。对于核查机构的工作，无论是政府购买服务还是市场化运行都因为利益关联影响了核查工作的独立性和准确性。对于交易机构的交易系统不完备、内部管理制度不健全等因素造成的市场实时交易情况、交易复核、信息披露等方面的缺陷，政府也存在监管缺失。

6．社会和企业缺乏相关意识和能力

碳排放权交易是新生事物，试点地区多数企业缺少管理碳排放的能力和意识，还有少数企业包括央企甚至抵触碳排放权交易，增加了政策实施难度。另外，企业在报送排放信息、减排措施的策划与实施、排放核查、碳资产管理和碳金融等领域都需要专业知识与服务。虽然试点地区已经培育出一批相关机构和人员，但仍然非常缺乏足够、合格的专业咨询、核查机构和人员应对当前以及未来的全国碳排放权交易市场。

7．试点向全国过渡面临挑战

2016 年试点期结束后试点地区如何向全国碳排放权交易体系过渡将面临以下几方面问题：①试点地区的 MRV 规则、登记簿和交易系统各具特色，没有统一标准，如何与国家碳交易体系的技术和标准体系融合；②对于已建设的基础制度与设施，如何避免不必要的资源浪费；③企业和地方政府 2016 年仍未使用的地方配额如何安排；④试点相对广泛的行业和企业参与方是否继续纳入碳排放权交易体系等。这些涉及企业和地方政府切身利益的问题如不尽早解决，将增加试点地区开展工作的难度，影响全国碳市场顺利启动。

（六）启示与建议

碳交易试点近三年来的运行既有成功的经验、好的做法，也暴露出问题和难点，这正是试点的目的所在。七省市碳交易试点证明基于总量控制的碳交易制度在中国是可行的，但建设全国碳市场是一项复杂、艰巨和长期的工作，至少应在以下七个方面吸取试点的经验和教训，加强重视和投入，使碳交易制度发挥应有的作用。

1．加强碳交易政策法规体系建设

与试点阶段相比，全国碳市场的市场主体更复杂、覆盖范围内区域经济差异更明显，治理难度进一步增大，通过法律手段规范碳市场行为、降低管理成本的重要性大幅提高。国家应提升碳交易法律位阶，尽早将2014年12月发布的部门规章《碳排放权交易管理暂行办法》提升至国家法律法规，为2017年启动全国碳市场构建更完善的法律基础。建立全国碳市场应明确碳交易法规的核心框架体系，提高碳交易法规对市场违规行为的处罚力度。同时以部门规章及地方性法规的形式出台有关配额分配、核查机构管理、碳会计等领域的系列文件与实施细则，保证相关管理部门和市场参与者有法可依。

2．注重数据基础和技术支撑

试点经验再次证明总量控制下的碳交易体系不仅需要严格的政策法规，更要有强有力的技术基础支撑才能有效运行。数据基础是政策成败的重要因素之一。设计合理、可操作性强的碳交易制度的前提是掌握真实、准确的排放源情况。地方排放清单、企业排放数据、能耗和经济等基本信息与研究分析对总量制定、覆盖范围、配额分配的科学性、准确性、合理性起决定性作用。因此，全国碳市场设计阶段的最基本工作应该是建立科学的标准、理论方法和工具等技术支撑，通过自底向上和自上而下的不同途径摸清国家、地方和企业的排放历史、现状和趋势，提高数据质量，为总量制定和配额分配以及未来的履约打好基础。

3．合理设计管理架构

从管理角度看，以行业和企业为管制对象的总量控制与交易制度与中国现有的属地化分级管理的行政体制存在一定矛盾。使碳交易制度成为可操作的政策工具，既要达到环境效果又要符合我国的行政管理体制，就必须合理设计全国的碳交易管理制度。中央政府、省级政府、控排企业的三级管理制度将成为全国碳交易制度管理的基础框架，提高地方政府的积极性、赋予其重要的监管责任将有利于政策落地并得到有效实施。管理制度应区分政策制定者、监督者和执法者的作用，按照机构职能明确各碳交易相关部门应承担的职责，避免监管权过于集中。应建立各相关机构监管权相互制约的制度约束，降低部门利益与市场寻租对碳市场公平性的影响。

4．严格监管制度

相对于试点碳市场，未来全国碳市场由于规模扩大、市场主体类型增多、交易产品丰富，参与者利益诉求多样化，操纵市场、内幕交易等恶意市场行为出现的可能性将增大。政府应完善监管体系建设、提升碳市场监管执行力度，出台兼具指导性与操作性的相关规范性文件，并对碳质押、碳期货等新兴碳交易产品建立跨部门监管。还应加强对核查机构的管理，通过明确业务范围、提高准入门槛、建立自律协会等提高约束力。应建立权威的信息披露制度促进全社会参与监管，并采取将企业不遵约行为纳入征信系统等方式提高政策约束力。

5．培育良好市场环境

试点经验证明，交易市场高度集中、统一，政策稳定、可预见和透明对建设公平、公开、可持续发展的碳市场至关重要。全国碳市场的建设应将现有 7 个交易平台逐步整合为 1～2 家全国性交易所，统一交易品种，加强部门间协调，改进交易规则，适时增加碳期货等衍生交易产品。政府应优化碳市场管理模式，明确其在碳交易中的责任和作用，减少政府直接干预市场，保持政策的连续性和稳定性，降低政策风险。应通过信息披露、信用平台等制度建设构建公开、公正、透明的碳市场环境。

6．促进试点顺利向全国过渡

几年来试点地区协同各方面力量，投入大量资源、人力和物力建立实施碳交易制度，为应对气候变化的体制机制创新做出了重要贡献。国家应保护试点地区的积极性，促进七试点以较低成本、较优路径完成向全国碳市场的过渡，包括承认地方配额，充分利用现有的软硬件设施，鼓励试点结合全国碳市场建设思路进行制度创新、产品创新，带动周边，并在全国碳市场的框架下给予其一定的政策灵活性等。

7．加大资金投入和加强能力建设

碳交易制度建设是复杂的系统工程，需要巨大的资源投入。实施效果好的试点无一不是投入了大量的人力和物力。全国碳市场的建设需要大规模的资金投入和专业人员参与。此外，还需要进一步、大范围、长期地开展应对气候变化和碳市场的宣传、教育和培训，使碳交易制度的实施建立在广泛的社会认知和舆论支持的基础上。

二、北京

北京市于 2013 年 11 月启动了碳排放权交易试点。北京市结合试点工作需要，重视并不断加强碳交易的政策法规和管理体系建设，形成了碳排放总量严格控制、覆盖经济社会行业广泛、总体运行平稳的碳市场。2015 年，北京市顺利完成上年度履约工作，进一步扩大了行业企业覆盖范围，联合河北、内蒙古等地开展跨区域碳交易，并初步确定了试点结束期后的碳市场安排，碳交易制度实施得到了进一步加强和深化。

（一）碳交易体系现状

1. 政策法规

完善的政策制度环境是碳交易体系有效实施的前提。2013 年，北京市编制了碳交易试点实施方案，明确了试点的目标和整体工作任务。12 月，北京市人大常委会出台了《关于北京市在严格控制碳排放总量前提下开展碳排放权交易试点工作的决定》，建立了碳交易制度的法律依据。在此基础上，北京市逐步构建完成了“1+1+N”的碳交易政策法规体系，即制定出台一个人大决定和一个碳交易管理办法，出台多项配套政策和文件，包括配额核定方法、温室气体排放核算报告指南、核查机构管理办法、公开市场操作管理办法、交易规则及配套细则、场外交易细则、抵消管理办法、行政处罚自由裁量权规定等，有力地保障了碳交易试点的实施。

2015 年，北京继续发布一系列碳交易相关文件，推进碳交易试点工作（表 3-13）。1—4 月，北京市对重点排放单位的碳排放报告报送与核查、配额分配、履约等环节进行了整体部署，对温室气体排放核算报告指南、第三方核查程序指南进行了修订，完善了配额方案中的行业先进值制定。12 月，北京市对重点排放单位门槛进行了调整，进一步扩大了覆盖范围，并对 2016 年的碳交易工作进行了安排。

表 3-13　北京市 2015 年发布的主要文件

<table>
<tr><th>文件名称</th><th>文件性质</th><th>发布时间</th><th>发布机构</th></tr>
<tr><td>《关于进一步做好碳排放权交易试点有关工作的通知》</td><td>政府文件</td><td>2015 年 1 月</td><td>北京市发改委</td></tr>
<tr><td>《北京市环境交易所碳排放权交易规则》</td><td>其他</td><td rowspan="2">2015 年 1 月</td><td rowspan="3">北京环境交易所</td></tr>
<tr><td>《北京市环境交易所碳排放权交易规则配套细则》</td><td>其他</td></tr>
<tr><td>《北京环境交易所核证自愿减排量交易规则（试行）》</td><td>其他</td><td>2015 年 2 月</td></tr>
<tr><td>《关于责令重点排放单位限期报送碳排放核查报告的通知》</td><td>政府文件</td><td rowspan="2">2015 年 3 月</td><td rowspan="4">北京市发改委</td></tr>
<tr><td>《关于开展 2015 年碳排放报告报送核查及履约情况专项监察的通知》</td><td>政府文件</td></tr>
<tr><td>《关于发布本市第二批行业碳排放强度先进值的通知》</td><td>政府文件</td><td>2015 年 4 月</td></tr>
<tr><td>《关于责令 2014 年重点排放单位限期开展二氧化碳排放履约工作的通知》</td><td>政府文件</td><td>2015 年 6 月</td></tr>
<tr><td>《关于公布 2015 年北京市重点排放单位及报告单位名单的通知》</td><td>政府文件</td><td>2015 年 7 月</td><td>北京市发改委
北京市统计局</td></tr>
<tr><td>《关于发布北京市 2015 年碳排放第三方核查机构和核查员名单的通知》</td><td>政府文件</td><td>2015 年 8 月</td><td>北京市发改委</td></tr>
<tr><td>《关于调整〈北京市碳排放权交易管理办法（试行）〉重点排放单位范围的通知》</td><td>政府文件</td><td rowspan="2">2015 年 12 月</td><td>北京市政府</td></tr>
<tr><td>《关于做好 2016 年碳排放权交易试点有关工作的通知》</td><td>政府文件</td><td>北京市发改委</td></tr>
</table>

2．总量与覆盖范围

北京市提出了建立“碳排放总量控制”下的碳交易制度，在确定碳市场总量目标时，综合考虑历史碳排放水平、经济社会发展趋势以及“十二五”节能减排目标等因素。据估算，2014 年北京碳市场覆盖下的碳排放总量目标约为 0.55 亿吨二氧化碳[①]。

北京市碳交易体系覆盖热力生产和供应、火力发电、水泥制造、石化生产、服务业、其他工业六大重点行业中固定设施年二氧化碳排放量 1 万吨（含）以上的重点排放单位，涉及企业、事业单位、国家机关等多类主体。覆盖气体为二氧化碳。2014 年，覆盖重点排放单位数量 543 家，比 2013

① 北京市未公开发布总量目标，本数据为估算。

年增加了 128 家。2015 年，北京市进一步纳入了碳排放量 5 000 吨（含）以上的固定设施和移动源重点排放单位，重点排放单位数量将扩大到约 1 000 家（表 3-14）。

表 3-14　北京市碳交易覆盖范围

	2013 年	2014 年	2015 年
单位数量	415 家	543 家	约 1 000 家
设施范围	固定设施		固定设施和移动设施
门槛条件	年 CO_2 排放 1 万 t（含）以上		年 CO_2 排放 5 000 t（含）以上

3．**配额分配与管理**

北京市配额分配方案综合考虑了重点排放单位历史排放水平、行业先进排放水平、行业技术发展趋势以及经济结构调整等因素。配额分配方式为免费或有偿发放，试点期间全部免费分配。配额分配方法以历史法和基准线法为基础，采用一定的配额调整系数（控排系数[①]）体现行业水平的差别。

年度配额总量包括既有设施配额、新增设施配额和既有设施调整配额三部分，分别核定和发放。既有设施的配额分配采用历史法，其中发电和供热类企业的配额是依据上年度的实际发电（供热）量预分配，待核查后进行调整。新增设施需满足一定条件，采用行业先进值法分配配额。调整配额[②]由重点排放单位提出申请，主管部门核实后，在年度履约期前对配额进行调整（表 3-15）。

2015 年，北京市核发了重点排放单位本年度既有设施配额以及上年度的新增设施配额和调整配额。为进一步完善新增设施配额的基准线，北京市在 4 月公布了第二批 19 个行业的先进值，先进值的确定参照了国内外同行业、同类产品的先进碳排放水平，并结合较先进的重点排放单位排放情况综合确定。截至 2015 年年底，北京市共发布了电力、汽车、啤酒以及燃气供应、采矿、航空运输等两批 42 个行业的碳排放强度先进值，涉及 79

① “控排系数”由市主管部门依据全市“十二五”GDP 平均增速目标、各相关行业碳强度下降目标、各行业碳排放历史平均水平和年均增幅，综合测算确定。

② 主要针对历史数据变化较大以及 2012 年注册或有新增设施的排放单位，运行不足 12 个月的情况。

个子行业。

表 3-15　配额分配

	既有设施配额	新增设施配额	调整配额
核定方法	• 历史法 • 发电、供热类企业按上年度发电/供热量预分配，据本年度实际发电/供热量调整	• 基准线法 • 条件：2013 年 1 月 1 日[①]后投入运行的新增设施，且其排放量超过 5 000 t 或超过 2012 年本单位碳排放的 20%	• 由重点排放单位提出配额变更申请，主管部门核实
发放时间	4 月 30 日前核发当年配额	4 月 15 日前核发上年度配额	年度履约期前
2015 年进展	核发 2015 年年度配额	• 核发 2014 年年度配额 • 公布第二批行业先进值	调整 2014 年年度配额

4．**测量、报告与核查（MRV）制度**

北京市建立了较完善的碳排放数据 MRV 管理体系（表 3-16）。在测量和报告方面，针对覆盖的七大重点行业制定了分行业碳排放核算和报告指南，明确了核算边界和核算方法，规定了报告门槛和报告程序。北京市内年能源消耗 2 000 吨标准煤（含）以上的单位均需对其碳排放进行测量和报告。在核查方面，北京市出台了核查机构管理办法，规定了核查机构的备案条件、监督管理等。为进一步保证核查报告质量，北京市还建立了对核查报告的复审机制。

2015 年，北京市对 MRV 制度进行了修订。按照新的规定，重点排放单位需提交监测计划，并由核查机构进行核查；参与跨区域碳交易的其他地区的重点排放单位在进行碳排放的核算和报告时，以北京市现有的指南为依据。北京市继续开展了对核查机构和核查员的备案工作，经过新一轮备案，核查机构数量达到 22 家。2015 年起，政府财政不再支付核查工作费用，由重点排放单位自行委托核查机构进行碳排放年度报告核查。

① 交通运输企业新增条件针对的是 2015 年 1 月 1 日以后的新增设施。

表 3-16　MRV 实施情况

内容	2014 年	2015 年
监测计划	—	提交监测计划
测量	6 个行业测量方法	• 7 个行业测量方法 • 区域碳交易企业碳排放测量
报告	• 1 447 家① • 电子+纸质方式	• 1 517 家② • 电子+纸质方式
核查	• 19 家核查机构 • 4 月 5 日前提交核查报告 • 2013 年新增设施排放核查 • 政府支付费用	• 22 家核查机构 • 3 月 20 日前提交核查报告 • 2014 年新增排放设施核查 • 监测计划核查 • 重点排放单位委托
核查报告复审	委托专家评审+第四方核查	委托专家评审+政府招标委托核查机构开展第四方核查

注：①根据北京市发改委发布的 2014 年北京市重点排放单位及报告单位名单整理。②根据北京市发改委和北京市统计局公布的 2015 年北京市重点排放单位及报告单位名单整理。

5．履约

重点排放单位需在每年 6 月 15 日前上缴与上年度碳排放总量相等的配额，在注册登记系统注销以完成履约。2014 年 9 月，北京市出台了抵消管理办法，规定除配额外，重点排放单位可使用中国核证自愿减排量（CCER）以及节能项目和林业碳汇项目的碳减排量抵消其排放量，后两项的减排量由北京市发展改革委认定。抵消项目的使用比例不高于重点排放单位当年核发配额量的 5%。表 3-17 列出对项目的时间、类型、地域等的限制条件。2014 年年度履约中，重点排放单位分别使用了 6 万吨 CCER 和 6.45 万吨林业碳汇进行了抵消。

表 3-17　北京市碳抵消项目限制条件

	CCER	节能项目	林业碳汇
时间	2013 年 1 月 1 日后实际产生的减排量	2013 年 1 月 1 日后签订合同的合同能源管理项目或 2013 年 1 月 1 日后启动实施的节能技改项目	碳汇造林项目用地为 2005 年 2 月 16 日以来的无林地；森林经营碳汇项目于 2005 年 2 月 16 日后开始实施

	CCER	节能项目	林业碳汇
地域	京外项目产生的CCER不得超过其当年核发配额量的2.5%。优先使用河北、天津等与本市签署生态环保等合作协议地区的CCER	本市辖区内	本市行政辖区内
类型	非来自减排氢氟碳化物（HFCs）、全氟化碳（PFCs）、氧化亚氮（N_2O）、六氟化硫（SF_6）气体的项目及水电项目的减排量	包括但不限于锅炉（窑炉）改造、余热余压利用、电机系统节能、能量系统优化、绿色照明改造、建筑节能改造等；暂不考虑外购与热力相关的节能项目	• 碳汇造林项目 • 森林经营碳汇项目
其他	非来自本市行政辖区内重点排放单位固定设施的减排量	重点排放单位实施的项目除外；未完成节能目标单位实施的项目除外	业主应具备取得所有地块的土地所有权或使用权的证据；项目应取得北京市园林绿化局初审同意

北京市已完成了2013年度和2014年度的履约工作，履约率分别为97.1%和100%（表3-18）。2013年度有10余家单位最终未能完成履约，北京市依据市人大决定按照市场配额均价的3倍进行了处罚。2014年度履约过程中，北京市对14家未能按时履约的单位提出整改要求，最终所有重点排放单位完成履约。

表3-18　北京碳试点履约情况

	2013年度履约	2014年度履约
履约单位数量	415家	543家
履约情况	10余家未完成履约	全部完成履约
年度履约率	97.1%	100%
执法情况	对未按规定履约的单位开展执法	—

6．交易市场

（1）碳市场交易情况

北京市制定了碳市场的相关交易规则，对交易主体、交易品种、场内外交易、风险防控等内容进行了规定。2015年，北京市对交易规则和配套细则进行了修订，允许自然人参与交易，并修改了清算与交收规则。

北京碳市场的交易品种包括配额（BEA）、CCER、林业碳汇项目和节能项目减排量。2013年启动至2015年年底，除节能项目减排量没有交易外，共计成交配额和各类减排量约1 051万吨（表3-19）。其中，配额交易量532万吨，交易额2.38亿元；林业碳汇交易量7.3万吨，交易额266万元；CCER交易量512万吨，交易额2 472万元，CCER交易量已接近配额交易总量。

表3-19　北京碳试点交易情况

（2013年11月28日—2015年12月31日）

交易品种	成交量/万t	成交金额/万元
BEA	532	23 816
CCER	512	2 472
林业碳汇	7.3	266

数据来源：北京环境交易所。

交易方式包括公开交易和协议交易两类。2013年启动至2015年年底，配额公开交易累计233万吨，成交约1.22亿元，成交均价为52.6元/吨，较启动当天价格（51.25元/吨）略有上涨，但总体呈下降趋势（图3-12）。配额协议交易累计299万吨，交易额约1.16亿元，成交均价为38.7元/吨，比启动当天价格（50元/吨）下降23%。配额交易中协议交易量和公开交易量分别占56%和44%左右。

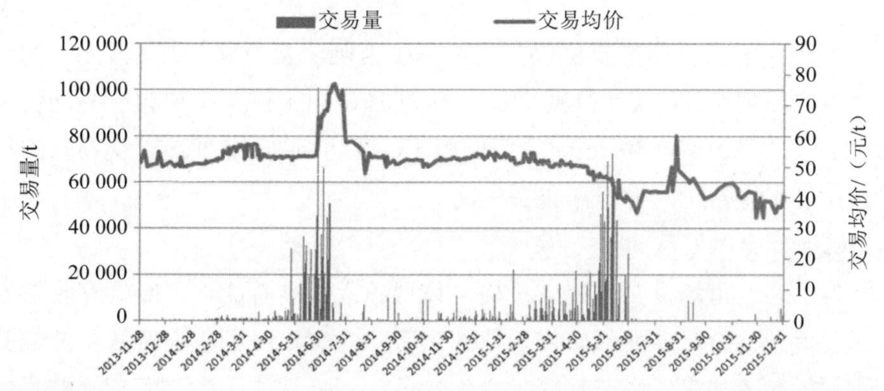

图3-12　配额公开交易情况

（2013年11月28日—2015年12月31日）

2015 年，北京碳市场共计交易配额和各类减排量约 835 万吨。其中，配额交易量 316 万吨，交易额 1.31 亿元；林业碳汇交易量 6.9 万吨，交易额 252 万元；CCER 交易量 512 万吨，交易额 2 472 万元。配额公开交易量约 125 万吨，同比增长 17%；交易额 5 857 万元，均价 47 元/吨，分别同比降低约 8%和 21%。上半年累计交易量占全年 97%以上，履约当月（6 月）的交易量和交易额分别达到 61.8 万吨和 2 731 万元，几乎占全年交易的 50%（图 3-13），说明配额交易以重点排放单位的履约为主。相对于其他试点，北京市配额公开交易价格维持在较高水平，2015 年月度最低价格为 36 元/吨，最高价格为 53 元/吨，均价 47 元/吨，市场运行平稳，反映了北京碳市场配额总体趋紧的供求关系。

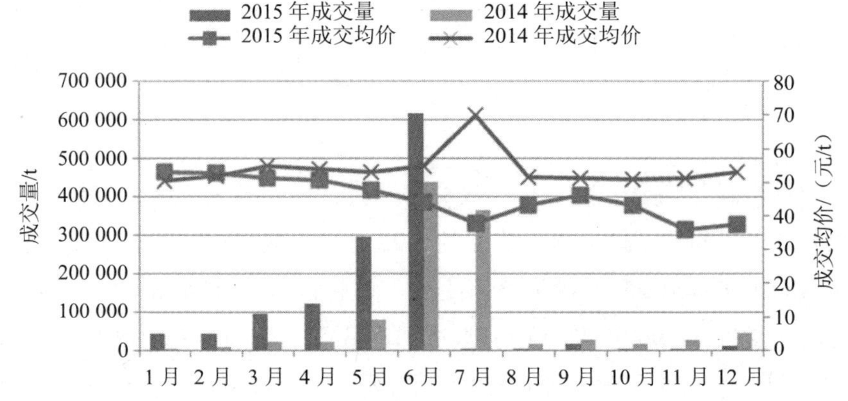

图 3-13　北京碳市场配额公开成交情况

2015 年，北京市配额协议交易量 191 万吨，交易额 7 259 万元，均超过当年公开交易量，同比分别增长 83%和 76%（图 3-14）。协议交易均价为 38 元/吨，与 2014 年 39 元/吨的均价相比，波动小、价格稳定。交易时间集中在 6 月履约期间，与公开交易一致。

（2）碳金融发展

为了通过市场机制发现碳价格，体现出“排碳有成本，减碳有收益”理念，提升社会对碳配额资产价值的认可，北京市鼓励重点排放单位或其他配额持有者加强碳资产管理，探索开展配额抵押式融资、配额回购式融资、配额托管等业务（表 3-20）。北京市在 2014 年和 2015 年分别完成了首笔 1 330 万元的碳配额回购融资协议和首笔 1 万吨的配额场外掉期合约交易，

碳金融业务取得了一定进展。

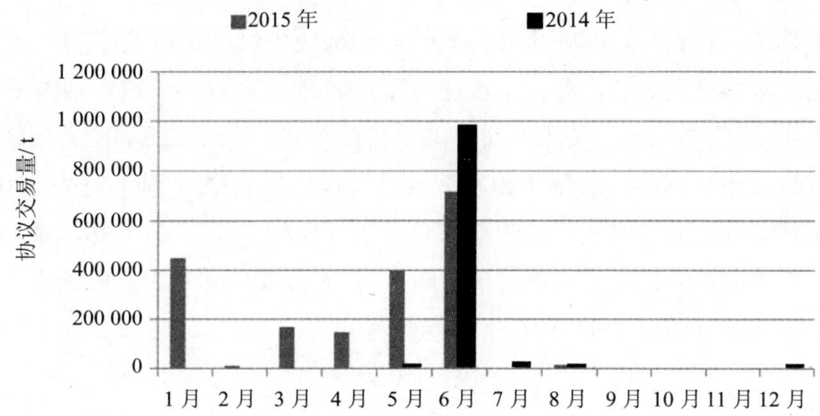

图 3-14　北京碳市场配额协议成交情况

表 3-20　北京碳市场碳金融业务

碳金融业务	内容
配额抵押式融资	向银行等金融机构进行配额抵押融资，抵押的配额将被冻结，抵押到期解冻后，可进行交易或履约
配额回购式融资	向其他机构交易参与人出售配额，并约定在一定期限后按照约定价格回购所售配额，获得短期资金融通
配额托管	委托其他专业机构进行配额管理，提高碳资产管理水平
场外掉期合约	以非标准化合同形式开展配额掉期交易，双方在签署合约时以固定价格确定交易，约定在未来某个时间以当时的市场价格完成反向交易。结算时双方只需对差价进行现金结算

7．其他

（1）管理体制和机构建设

北京市在碳交易试点建设运行过程中，不断加强管理体制和机构建设，分工明确。北京市发展改革委具体负责碳交易的制度设计、统筹推进和组织实施，北京市经济信息中心负责运行维护碳排放权注册登记簿系统和节能降耗及应对气候变化数据填报系统，北京市节能监察大队负责对未按规定履行义务的重点排放单位和报告单位开展监察执法。2015 年，北京市发展改革委成立了应对气候变化研究中心，协助政府部门做好碳交易的技术支撑等工作。

（2）跨区域碳市场建设

2013 年碳交易试点启动时，北京市与天津、河北、内蒙古、陕西、山东等地签订了开展跨区域碳交易合作研究的框架协议。2014 年年底，京冀跨区域碳交易正式启动，覆盖了承德市碳排放总量的 60%左右，纳入 6 家水泥企业。6 家企业统一使用北京市的碳排放报告、注册登记和交易系统开展区域碳交易。同时，承德市积极开发林业碳汇项目进行跨区交易，2015 年成交林业碳汇减排量 6.6 万吨。2015 年，内蒙古呼和浩特和鄂尔多斯两市与北京市的跨区碳交易取得进展，两市将 26 家发电和水泥行业的重点企业纳入区域碳市场，将于 2016 年进行履约。

（二）碳市场特点

1．碳交易制度减排效果初显

北京市将碳排放权交易定位为推动首都经济低碳转型的战略选择以及加快建设“绿色北京”的重要举措[①]，通过建立严格的碳排放总量控制下的碳市场，并要求重点排放单位既有设施碳排放总量逐年下降，提高了各行业的节能减碳意识。通过与各项节能、低碳政策的协同实施，北京市利用市场手段推动节能减碳的效果初显，重点排放单位的碳排放水平呈总体下降趋势。

据统计[②]，2013 年重点排放单位碳排放量同比下降 4.5%左右；2014 年碳排放量同比进一步下降 5.96%，并协同减排 1.7 万吨二氧化硫和 7 310 吨氮氧化物，分别减排 PM_{10} 和 $PM_{2.5}$ 污染物 2 193 吨和 1 462 吨。重点排放单位在 2013—2014 年累计实现减排二氧化碳 630 万吨。碳交易制度的实施为地区实现碳减排目标作出了贡献。北京市单位 GDP 碳排放强度 2013 年和 2014 年分别同比下降了 6.69%和 7.17%，均超额完成 2.5%的年度目标，使北京市在“十二五”前四年即实现了单位 GDP 碳排放强度累计下降 22.85%，提前一年完成了 18%的减排目标。[③]

① 参见《北京市碳排放权交易试点实施方案（2012—2015）》。

② 数据来源：i）北京市发改委：北京市碳排放权交易试点取得明显实效，2014 年 9 月；ii）北京市发改委：重点排放单位 100%履约，本市率先完成 2014 年度碳排放权交易履约工作，2015 年 7 月。

③ 数据来源：北京市发改委：本市 2014 年度碳强度降低目标初步考核结果为“优秀”等级，2015 年 7 月。

2．碳交易政策体系和管理机制完善

北京市建设形成了“1+1+N”的碳交易政策法规体系，制定出台碳交易的地方人大文件，明确了参与主体的权利和义务，为北京市制定出台碳交易管理办法、建立惩罚约束机制等提供了“上位法”支撑。在碳市场运行过程中，北京市根据实际工作需要，不断完善碳交易的各项配套支撑制度建设。

同时，北京市逐步建立和完善了碳交易管理机制，形成了以市发改委等相关主管部门为统筹协调，以经济信息中心、节能监察大队、气候变化研究中心、第三方核查机构、环境交易所等机构为支撑的实施体系，并充分发挥各机构的保障和支持作用。在碳市场的监管方面，北京市授权节能监察大队开展碳排放报告、遵约等环节的监察和执法，保障了碳交易政策的强制性和约束力。此外，北京市还建立了碳市场交易价格预警机制，当配额价格出现不正常波动时，可通过拍卖或回购等方式稳定价格，维护市场秩序。

3．碳市场覆盖主体多样并不断扩大行业范围

北京市产业结构中第三产业占比较高，2015 年达到 79.8%，居全国之首。为充分体现碳交易试点的本地特色，北京市结合辖区内行业及碳排放特点，除传统工业企业外，将大量的服务型企业以及机关事业单位、高校、医院等单位纳入碳交易体系。2016 年，北京市进一步降低准入门槛，扩大行业范围，将城市轨道交通和公共电汽车、客运等交通行业的重点排放单位也纳入碳交易试点。

北京碳市场已覆盖经济范围的多个领域，重点排放单位主体类型多样且数量不断增加，这虽然加大了碳交易制度的管理和实施难度，但对于扩大碳市场的影响力，以及实现在全经济范围内利用市场机制控制温室气体排放起到了积极作用。同时，纳入的重点排放单位数量不断增加，也有助于扩大碳市场规模，活跃市场交易。

4．重视碳排放数据的质量与控制，重点排放单位碳排放核算能力有待提高

真实可靠的碳排放数据是碳交易制度的基础，北京市十分重视排放单位的碳排放数据质量，建立了较为完善的 MRV 管理机制。在碳市场启动初期，北京市即建立了统一的碳排放核算方法，开发了电子报送平台，完成了重点排放单位的历史碳排放数据的测量、报告与核查，有力地保障了重点排放单位历史数据的真实性和可靠性。随着碳市场建设的不断深化，北京市也不断加强对 MRV 制度的改进，逐步实现了碳排放报告与能源消耗数据的同步报送，确保数据来源的一致性。此外，北京市积极鼓励重点排放单位加强能源计量、在线监测、能源管控等基础工作，支持其建立覆盖能源利用和碳排放全过程的管理体系。北京市重视对碳排放报告的核查工作，建立了核查机构的管理办法，对核查机构和核查人员同时备案管理，统一了核查程序和报告模板，并建立了核查报告的复核机制，确保核查质量。

由于北京市碳交易覆盖范围广、行业跨度大，重点排放单位在碳排放核算方面的能力也有所差别，其中电力等工业行业能力较强、服务类行业能力相对较弱。碳交易覆盖范围的不断扩大，需要加强重点排放单位对碳排放相关数据的实测能力，如通过完善计量器具配备等措施，达到对重点排放设施的燃料热值、含碳量、碳氧化率等指标进行实测的要求。此外，北京市在碳排放监测计划方面启动较晚，也需要进一步加强重点排放单位的能力建设，指导其科学合理地编制监测计划，并按计划实施监测。

5．碳市场整体平稳，重点排放单位参与度有待提高

北京市制定了较为完善的碳市场相关交易规则，并加强了风险防控。经过两年多的发展，碳市场的交易主体逐渐增多、交易品种日益丰富、市场整体平稳，碳金融创新取得进展。

随着重点排放单位范围不断扩大、非履约机构入市条件放宽以及向个人开放等工作的推进，北京碳市场的交易主体逐渐增多，参与主体多元化。在交易品种上，除配额外，北京碳市场还可交易 CCER、林业碳汇项目减排量以及节能项目减排量，交易品种日益丰富。北京碳市场运行整体较平稳，配额交易量稳步提高。虽然配额公开交易价格呈整体下降趋势，但 2014 年和 2015 年的年度成交均价仍稳定在 40～60 元/吨。同时，北京市的协议交易规模不断扩大，交易价格波动较小，也为配额市场的稳定起到了积极作用。

北京市积极推进碳金融创新业务发展，但总体来看，碳金融仍处于发展初期。虽然重点排放单位的节能减碳意识和履约主动性在不断提高，但由于北京市纳入的服务类企业以及国家机关和事业单位较多，受配额体量较小、管理制度束缚、能力不足等影响，重点排放单位参与配额交易以及参与配额抵押融资、回购等金融创新业务的积极性仍有待提高。

6．积极开展跨区域碳交易，协同治理区域环境

北京市能源消费对外依存度较高，随着京津冀协同发展上升到国家战略，北京市也将构建跨区域碳交易作为适应新常态、服务协同发展的重要措施。由于碳市场管制气体（CO_2）和大气污染物 $PM_{2.5}$ 的主要成分（二氧化硫和氮氧化物）均主要来源于煤、石油、天然气等化石能源的燃烧，跨区域碳市场建设可以协同治理区域大气污染。因此，北京市积极发挥试点已有的工作基础和示范作用，带动周边河北、内蒙古等地开展区域碳市场建设工作。2015 年与河北省承德市实现了跨区碳交易，2016 年将进一步纳入内蒙古重点排放企业。

（三）展望

1．扩大碳交易试点覆盖范围

2016 年，随着碳排放门槛降低、行业扩大，北京市将纳入更多新增重点排放单位。按规定，新增重点排放单位将完成历史以及 2015 年碳排放的报告与核查，获得 2015 年度既有设施配额，并在 2016 年 6 月完成履约。因此，北京市在 2016 年针对重点排放单位开展的碳排放报告、核查、配额分配、履约、执法、能力建设等工作将大幅增加，对碳市场的管理也将面临考验。

2．未来可能同时存在国家和北京两个碳市场

2016 年 1 月，国家发展改革委部署了全国碳排放权交易市场的重点工作，明确了全国碳市场的覆盖行业和企业门槛。由于北京市碳交易覆盖的重点排放单位与拟纳入全国碳市场的企业在行业范围和能源消耗及碳排放门槛上的标准存在差异，北京市研究提出了相关对策，即北京碳市场在 2016 年 6 月 30 日后将继续运行。对于未来纳入全国碳市场的重点排放单位，将研究提出已核发配额与全国排放配额的衔接方案，待商国家主管部门后确定；对于未纳入全国碳市场的重点排放单位，已核发的配额将继续有效[①]。这意味着未来将可能同时存在全国和北京两个碳市场。

① 参见《北京市发改委关于北京市 2016 年碳排放权交易有关事项补充的通知》，2016 年 1 月。

3．区域碳市场如何向全国碳市场过渡未明确

2016 年，继河北省承德市的 6 家水泥企业纳入北京碳市场后，内蒙古鄂尔多斯市和呼和浩特市的 26 家企业也将纳入，跨区域碳市场将进一步实施交易。这 32 家企业基本符合纳入国家碳排放权交易的行业和企业门槛范围。因此，在国家碳市场启动后，这些企业将全部纳入国家碳市场。因此，北京跨区域碳市场未来需要解决两个问题：①跨区域京外企业配额与国家碳配额的衔接问题；②跨区域碳市场是否继续存在，即是否将河北和内蒙古等地区未纳入国家碳交易体系的重点排放单位纳入北京区域碳市场。

三、天津

天津是国家重要的工业基地，能源消费和温室气体排放相对集中。自 2011 年被确定为碳排放权交易试点以来，天津市在制度设计和市场建设方面开展了大量工作，于 2013 年 12 月 26 日正式启动碳交易市场。天津碳排放权交易试点政策相对稳定，大型企业较多并具有较强的履约意识，配额分配、排放测量报告与核查充分结合了本地特色。同时，天津碳排放权交易制度在实施过程中也面临一些问题与挑战。2015 年，天津不断完善碳交易政策体系，继续推进碳市场建设各项工作，履约率相比上年进一步提高。

（一）碳交易体系现状

1．政策法规

在碳交易政策法规方面，天津市制定并发布了试点工作实施方案和管理办法等政策文件，并在配额分配，排放、测量报告与核查，登记注册，交易等多个领域进行了规定，形成了较为完善的政策体系。

天津市于 2013 年 2 月发布了《天津市碳排放权交易试点工作实施方案》，明确了天津市实施碳排放权交易试点工作的总体要求、重点任务和保障措施，同年 12 月发布《天津市碳排放权交易管理暂行办法》（以下简称《管理办法》），明确了天津市碳排放权交易的原则、适用范围和主管部门，并对配额管理，碳排放测量、报告与核查，碳排放权交易，监管与激励，法律责任等方面作出了具体规定。天津市发展改革委发布了《关于开展碳排放权交易试点工作的通知》，对相关单位做好碳排放监测，报告报送、碳排

放和配额管理等工作提出了要求，并发布了分行业企业碳排放核算和报告指南、配额分配方案和登记注册系统操作指南。天津排放权交易所发布了交易规则、交易风险控制管理办法、交易结算细则等文件。上述文件的发布为天津试点的顺利启动奠定了良好基础。2014 年，天津市发展改革委先后发布了开展纳入企业 2013 年年度排放报告的通知、2013 年度配额调整方案、开展 2013 年年度核查工作的通知等政策文件，为 2013 年度纳入企业履约相关工作的开展提供了保障。

2015 年，天津市发展改革委于 4 月发布了关于开展纳入企业 2014 年度排放报告与核查工作的通知，部署 2014 年度纳入企业排放报告和核查工作，并明确了纳入企业 2014 年年度第二批次配额发放申请方案、配额调整方案和新增设施配额分配方案。5 月发布天津试点利用抵消机制有关事项的通知，明确了天津市使用中国核证自愿减排量（CCER）进行抵消履约的条件和程序。7 月发布关于将碳排放权交易纳入企业履约信息列入全市信用体系的通知，将未履约企业信息列入天津市市场主体信用信息公示系统。10 月发布关于开展纳入企业 2015 年 1—3 季度碳排放情况和 2016 年年度碳排放监测计划报告工作的通知，部署纳入企业进行 2015 年 1—3 季度排放报告工作（表 3-21）。此外，积极推进管理办法的完善和升级工作。

表 3-21　2015 年天津碳排放权交易试点发布的主要政策文件

文件名称	文件性质	发布时间	发布机构
《关于开展碳排放权交易试点纳入企业 2014 年年度碳排放报告与核查工作的通知》	政府文件	2015 年 4 月	天津市发展改革委
《关于天津市碳排放权交易试点利用抵消机制有关事项的通知》	政府文件	2015 年 5 月	
《关于将碳排放权交易纳入企业履约信息列入全市信用体系的通知》	政府文件	2015 年 7 月	
《关于开展碳交易试点纳入企业 2015 年 1—3 季度碳排放情况和 2016 年年度碳排放监测计划报告工作的通知》	政府文件	2015 年 10 月	

2．总量与覆盖范围

天津市建立了碳排放总量控制制度和总量控制下的碳排放权交易制度，根据天津市“十二五”碳排放强度下降目标、能源消费强度控制目标和节能规划、国家产业政策，结合覆盖行业的历史能源消费和排放情况、技术特点、减排潜力和未来发展规划等因素确定配额总量。试点期间，天津市碳排放权交易覆盖的温室气体种类为二氧化碳。据初步估算，天津市碳排放权交易 2013 年和 2014 年配额总量目标约为 1.6 亿吨二氧化碳/年（含电力间接排放）①，占全市排放总量的 50%以上。

天津市将钢铁、化工、电力热力、石化、油气开采五大重点排放行业 2009 年以来年排放二氧化碳 2 万吨以上的企业纳入交易体系。根据 2013 年初始核查情况，天津市确定了 114 家纳入企业并公布了名单，其中钢铁企业 51 家，电力企业 30 家，化工企业 24 家，油气开采企业 4 家，石化企业 5 家。由于 2 家钢铁企业关停，天津市 2014 年和 2015 年纳入企业数量降至 112 家。

3．配额分配与管理

天津市根据各年年度排放总量目标，考虑行业竞争力、能源利用效率、企业先期减排行动、行业基准线水平等因素，采用历史法和基准法相结合的方法分配配额。纳入企业配额包括基本配额、调整配额和新增设施配额。对电力热力行业既有产能，按照基准法分配配额；对其他行业既有产能，按照历史法分配配额；对新增设施，按照企业所属行业碳强度先进值及实际活动水平进行配额核定。行业碳强度先进值参照国内外同一行业、同类型设施、同类产品的先进碳排放水平，结合天津市相关行业实际情况综合确定。2013—2015 各年度纳入行业控排系数根据天津市社会经济发展、国家产业政策要求、控制温室气体排放、配额分配方式差异等因素确定。核定的配额向纳入企业免费发放。

2015 年，天津市对配额分配方法进行了调整，对纳入企业既有设施配额采取“80%+20%”的分配方法，即在当年分配 80%的配额，第二年根据纳入企业运营情况对剩余的 20%进行调整发放，避免因企业实际生产量降低或企业停产停工等而导致配额超发。此外对热力行业配额核算基准进行

① 天津市未公布配额总量目标。

了细化，将企业单位供热量排放修订为单位供热面积的排放量，提高配额分配的精准度。在控排系数方面，2015 年纳入行业的控排系数相对于 2014 年年度进一步收紧，其中电力、热电联产行业为 99%，热力行业为 99.5%，钢铁、化工、石化行业为 95%，油气开采行业为 96%。同时，在配额分配中考虑了经济波动的实际情况，在分配的基准年选取中提高了邻近年份的比重。

4．测量、报告与核查（MRV）

在排放测量方面，天津市制定并发布了电力热力、钢铁、化工、炼油和乙烯四个行业的排放核算指南以及一个综合性行业的排放核算指南，核算方法采用排放因子计算法和物料平衡计算法，未划分层级。在监测方面，天津市规定纳入企业于每年 11 月 30 日前报送下年年度碳排放监测计划，并严格依据监测计划实施监测。

在报告方面，天津市结合企业碳核算的重点环节以及碳市场管理需求，制定并发布了《天津市企业碳排放报告编制指南（试行）》。排放报告包含上年年度碳排放及能源消费情况、监测措施、本年年度排放配额需求与控制碳排放的具体措施。

在核查方面，天津市建立了纳入企业碳排放第三方核查制度。2013 年 10 月通过公开招标方式确定了天津市环境保护科学研究院、中国质量认证中心、中国船级社质量认证公司和天津国际工程咨询公司 4 家核查机构，对拟纳入交易体系的重点排放行业企业 2009—2012 年排放情况进行了初始核查，在此基础上确定了天津市试点纳入企业名单。2014 年，天津市制定完成了《天津市企业碳排放核查指南（试行）》，并确定由参与初始核查的 4 家核查机构进行 2013 年的排放核查。

2015 年，天津市对纳入企业碳排放核算和报告采用了与 2014 年相同的方法和规则。“天津市碳排放权交易企业报送系统”上线运行，极大地提高了数据报送工作效率。在核查方面，天津市通过政府采购于 2015 年 5 月确定仍由参与 2013 年核查的 4 家机构开展 2014 年核查工作。天津市在招标核查机构的同时设立综合性技术服务包，承担组织培训、排放报告初审、核查报告互审、对申请配额调整企业进行技术复核等核查综合技术服务工作。天津市还要求核查机构在核查企业碳排放的同时，也一并核查企业的生产运行情况。

5．履约

天津市碳排放权交易试点的遵约周期为一年。按照管理办法，天津市纳入企业须于每年 4 月 30 日前，将碳排放报告连同核查报告一并提交天津市发展改革委，5 月 31 日前通过其在登记注册系统所开设的账户注销至少与其上年年度碳排放量等量的配额，履行遵约义务。天津市在管理办法中规定了相关激励和惩罚机制，但未确定明确的处罚方式和量化标准。2014 年，天津市于 6 月 10 日启动纳入企业 2013 年年度碳排放履约工作，7 月 25 日完成履约。114 家纳入企业中，履约企业 110 家，未履约企业 4 家，履约率为 96.5%。

2015 年，天津市一方面将“建立重点排放单位参与碳排放权交易的行为记录”写入了《天津市社会信用体系建设规划（2014—2020 年）》，推动将纳入企业履约信息纳入天津市信用体系，以此督促纳入企业的履约行为。另一方面，针对中国核证自愿减排交易于 2015 年启动、CCER 得以入场交易并可用于试点地区抵消履约的情况，天津市明确了使用 CCER 进行抵消履约的限制规则，包括 CCER 的使用比例不超过实际碳排放量的 10%；用于抵消的 CCER 须产生于 2013 年 1 月 1 日后；优先使用京津冀地区自愿减排项目产生的 CCER；试点纳入企业排放边界范围内的 CCER 不得用于天津市的碳排放量抵消；CCER 仅来自二氧化碳气体项目，且非水电项目。天津市出台 CCER 抵消规则是出于避免过多 CCER 进入对本试点配额市场形成冲击的考虑，但由于抵消规则出台较晚，对控排企业使用 CCER 进行履约形成了一定阻碍。

2015 年 7 月 10 日，天津试点完成 2014 年年度履约。截至履约截止日，天津市有 111 家纳入企业完成了 2014 年度履约，履约率为 99.1%，有 1 家化工企业未履约（表 3-22）。在使用 CCER 进行抵消履约方面，天津市共有 3 家纳入企业使用了约 31 万吨 CCER 进行 2014 年年度抵消履约。

表 3-22　天津碳排放权交易试点 2014 年年度和 2013 年年度履约情况

	纳入企业数量	履约企业数量	履约率/%
2014 年年度	112	111	99.1
2013 年年度	114	110	96.5

6．交易市场

天津市碳排放权交易市场配额公开交易 2013 年 12 月 26 日开市价格为 28 元/吨。截至 2015 年 12 月 31 日，天津市碳排放权交易市场公开交易量为 29.8 万吨，交易额为 846.6 万元；协议交易量为 175.1 万吨，交易额为 2 773.3 万元；总交易量 204.9 万吨，总交易额为 3 620.0 万元，交易均价 17.7 元/吨（表 3-23）。天津的总交易量和总交易额在 7 个试点中均排在第 6 位。

表 3-23　天津碳排放权交易试点配额交易情况

（2013 年 12 月 26 日—2015 年 12 月 31 日）

	交易量/万 t	交易额/万元	交易均价/（元/t）
公开交易	29.8	846.6	28.4
协议交易	175.1	2 773.3	15.8
总　计	204.9	3 620.0	17.7

在协议交易方面，天津市在开市当日共达成 5 笔协议交易，交易总量为 4.5 万吨，总交易额为 125 万元，交易均价为 27.8 元/吨。之后在 2014 年的 6 月、7 月均有协议交易，2014 年 7 月连续两日分别出现 65.9 万吨和 11.0 万吨的较大协议交易量。2015 年仅 7 月出现了共计 93.1 万吨的协议交易量（表 3-24）。

表 3-24　天津碳排放权交易试点协议交易情况

（2013 年 12 月 26 日—2015 年 12 月 31 日）

年份	交易量/万 t	交易额/万元	交易均价/（元/t）
2013 年	4.5	125	27.8
2014 年	77.5	1 352.3	17.4
2015 年	93.1	1 296.0	13.9
总　计	175.1	2 773.3	15.8

在公开交易方面，天津市自 2013 年 12 月 26 日启动交易以来，到 2014 年 7 月履约截止期前后，大部分交易日均有交易，日交易量从几十吨到 1.8 万余吨不等，交易价格也呈现出波动态势，基本在 20～50 元/吨。自 2014 年年底至 2015 年 4 月，交易量相对之前大幅下降，日交易量多在 1 000 吨

以下，交易价格较为稳定，基本在 25 元/吨左右（图 3-15）。

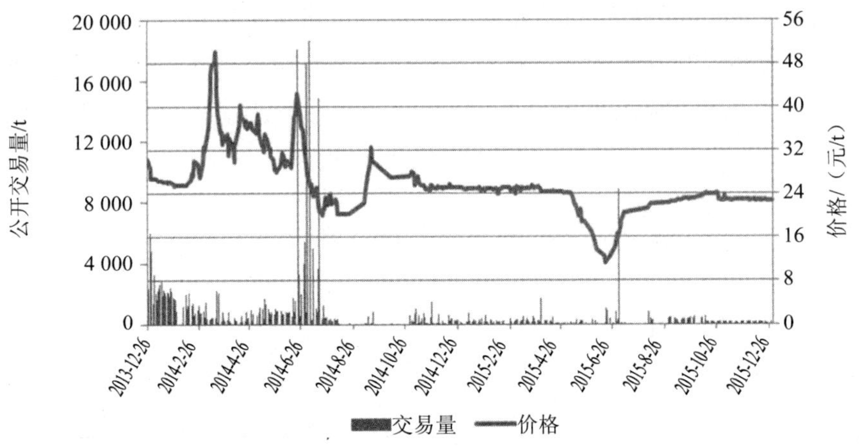

图 3-15　天津碳排放权交易试点公开交易情况

（2013 年 12 月 26 日—2015 年 12 月 31 日）

2015 年，天津碳排放权交易试点配额交易量为 97.6 万吨，交易额为 1 395.1 万元，其中公开交易量为 4.5 万吨，交易额为 99.0 万元，交易均价 22.2 元/吨；协议交易量为 93.1 万吨，交易额为 1 296.0 万元，交易均价 13.9 元/吨。与上年相比，2015 年配额公开交易量大幅下降，仅 8 月、9 月、10 月三个月交易量同比增长，2015 年配额公开交易量仅相当于 2014 年的 19%，协议交易量比 2014 年增长了 20%，2015 年公开交易额和协议交易额分别相当于 2014 年的 14%和 96%。

从月度公开交易情况来看，2015 年天津碳排放权交易试点配额月度公开交易量均未超过 7 000 吨，其中交易量最高是 9 月的 6 400 吨，最低是 5 月的 1 500 吨，交易额也是 9 月最高，5 月最低（图 3-16）。相对于 2014 年 6 个月交易量超过 1 万吨的情况，2015 年交易较为平淡。2015 年仅在 7 月出现了 93.1 万吨的协议交易，其余月份均无协议交易。从交易参与方来看，天津市的排放配额交易基本在纳入企业之间进行，投资机构和自然人极少参与。

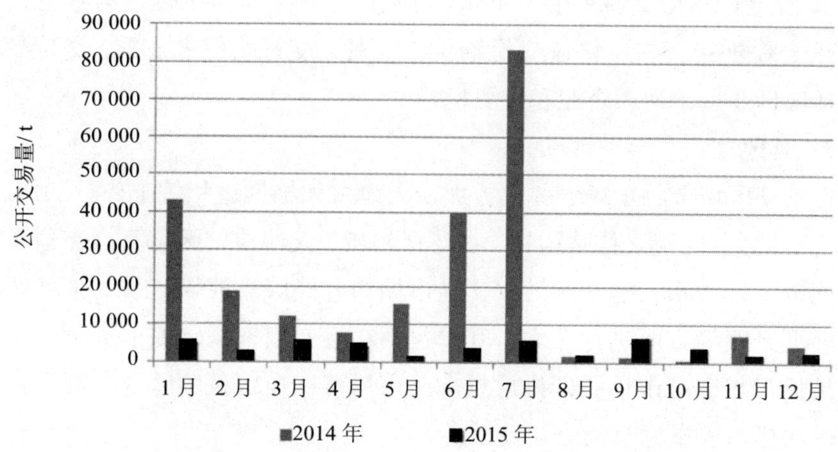

图 3-16　天津碳排放权交易试点月度公开交易量对比

从交易价格来看，天津碳排放权交易试点2015年配额公开交易价格多在20～25元/吨。自2015年5月下旬开始，市场挂单减少，交易价格一路走低，最低至2015年6月18日的11.2元/吨，之后略有上涨，6月和7月平均价格分别为12.9元/吨和18.2元/吨，7月10日平均价格为16.8元/吨，在2014年度履约结束后又上涨至22～24元/吨。2015年公开交易均价比2014年下降了25%（图3-17）。

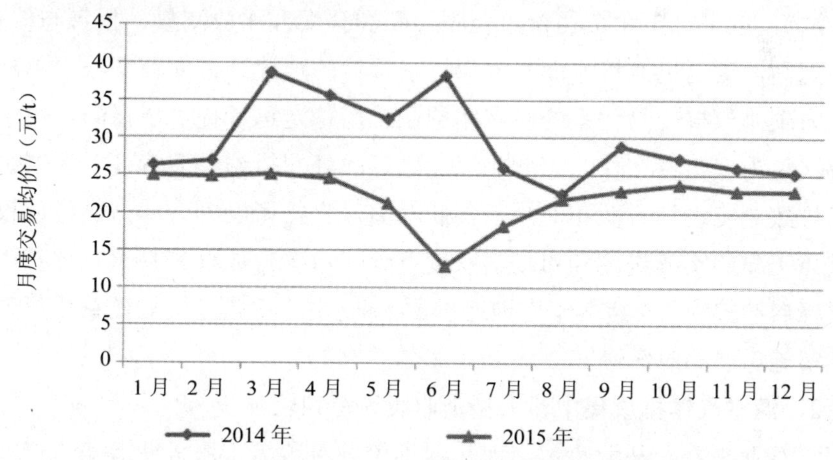

图 3-17　天津碳排放权交易试点月度公开交易均价对比

在CCER交易方面，2015年3月，天津天丰钢铁有限公司与中碳未来（北京）资产管理有限公司完成了6万吨国内首笔纳入企业CCER公开交易。

2015 年天津 CCER 交易总量为 124.7 万吨，在 7 个试点中排在第 4 位，其中公开交易量 30 万吨，协议交易量 94.7 万吨，交易均价未公布。交易参与方包括项目业主、纳入企业和投资机构。

7．其他

在推动区域金融市场一体化方面，天津市积极推进相关工作。2015 年 4 月，天津自贸区正式挂牌运行。在环保领域，天津自贸区将重点在建立绿色供应链管理体系、建立排污权交易市场和开展碳排放权交易、推动区域产业转型升级等方面进行探索。其中包括在遵守国家规定的前提下，京津冀三地排污权交易市场和碳排放权交易市场可在自贸试验区内开展合作，促进区域排污权指标有偿分配使用。

在机构建设方面，2015 年，天津市积极筹建"天津市碳交易管理中心"，进一步加强对碳排放权交易的管理工作，提高技术支撑能力。天津市发改委已成立中心筹备组，调派相关人员负责此项工作。

（二）碳市场特点

1．政策保持连续性，约束力有待提高

天津市开展碳交易以控制温室气体排放为目的，政策相对较为平稳。自 2013 年 12 月发布《天津市碳排放权交易管理暂行办法》（以下简称《管理办法》）以来，天津市在覆盖范围，配额分配，排放测量、报告与核查，交易规则，遵约机制等方面基本保持了政策的连续性，并在实践中不断完善，为碳排放权交易体系的有序实施和市场稳定运行提供了保障。由于管理办法仅为规范性文件，因此难以设定行政处罚措施，而管理办法层级不高又导致制度设计方面相对缺乏创新动力，直接影响到天津市碳排放权交易试点工作的实施进度和市场活跃度。天津市碳排放权交易试点核查工作招投标启动较晚，连续两年均推迟了《管理办法》中规定的履约截止日期，总体实施进展相对缓慢。

2．温室气体排放集中，大型企业履约意识较强

从行业来看，与北京、上海、深圳等试点覆盖了服务业等第三产业不同，天津市碳排放权交易试点仅覆盖了工业企业，纳入的五个行业的企业排放量约占全市排放量的 50%，体现出天津市温室气体排放相对集中的特点。天津也是纳入企业数量最少的试点，央企、国企占比较大，这些企业的社会责任感相对较强，对碳排放交易较为重视，部分大型央企相关准备工作起步早而深入。通过参与碳交易，这些企业控制温室气体排放、进行碳资产管理、履行社会责任的意识进一步提升，对国家和试点碳排放交易政策的关注度不断提高，发挥了积极示范带动作用。

3．配额分配和MRV充分结合本地特色

天津市对不同行业、不同类型产能采用了不同的配额分配方法，形成了较为完善的配额分配方案，并结合近年来市场需求变化、工业实际产能变化较大等情况，及时调整完善了配额分配方法，有助于控制配额分配总量，维护天津碳排放权交易试点市场的稳定运行。在排放测量、报告与核查方面，天津市结合纳入行业特点编制了分行业排放核算报告指南，核算方法和数据选取方法充分考虑了本市行业企业的实际情况。天津市在核查方面通过设立核查综合技术服务包、细化核查工作流程和要求、组织核查技术培训、核查数据交叉核对、核查报告机构互审、核查结果复核、及时交流和总结经验等多种方式，有效保证了核查工作质量，为配额分配调整等工作的开展提供了支撑，形成了具有本地特色的核查工作体系。

4．市场活跃度相对有限

天津市在《管理办法》中明确允许国内外机构、企业、社会团体、其他组织和个人参与碳排放权交易，在交易主体方面体现了最大的开放度。然而，天津碳排放权交易市场整体活跃度相对较低，配额交易多在纳入企业之间进行，投资机构和自然人参与较少。天津试点截至2015年年底的总交易量和总交易额在7个试点中排在第6位。2015年，天津试点配额交易量、交易额相对于2014年均大幅降低。CCER交易多发生在项目业主和投资机构之间，控排企业参与较少。究其原因，天津碳排放权交易试点纳入企业均为工业企业，近两年尤其是2015年钢铁、化工等行业产能出现明显下降，客观上降低了纳入企业对配额和CCER的需求，显示出天津市在吸引市场参与方参与交易方面仍可进一步探索有效方式。

5．信息公开需完善，实施效果待评估

天津市在开展碳排放权交易试点过程中，及时公布了排放核算和报告指南、配额分配和调整方案、进行报告核查工作的程序和时间节点等信息，保障了相关工作的顺利开展。然而，相对于湖北、广东和重庆碳排放权交易试点，天津试点未公布试点配额总量。CCER在天津的交易价格等信息也未公布。天津碳排放权交易试点信息公开的程度有待进一步提高。天津市暂未进行碳排放权交易实施效果的相关估算。考虑到近两年经济下行、钢铁等行业淘汰过剩产能等因素，天津市碳排放权交易在促进温室气体减排方面发挥的作用仍有待评估。

6．资金支持和能力建设有待加强

天津市在碳排放权交易试点工作在资金投入方面面临一定的困难。受限于财政资金申报周期和程序等，天津试点有关具体工作难以获得充足的时间保证，在推进具体工作时会面临缺乏资金的局面，给排放核算、报告与核查和能力建设等工作的开展造成了一定影响。在本土服务机构培育方面，同其他试点相比，天津市核查机构数量相对较少，对本地核查机构和核查人员队伍的建设可进一步加强。在能力建设方面，天津市还需通过不同层次和形式的能力建设帮助企业提高意识和能力水平。

（三）展望

1．天津市将继续推进天津碳排放权交易试点 2015 年年度相关工作

2016 年，天津市将积极做好 2015 年年度配额分配、排放测量、报告与核查、履约等相关工作，保证试点的第三个年度履约周期顺利完成；推进《天津市碳排放权交易管理暂行办法》的修订或升级工作；进一步加强对企业管理层和工作层在碳交易政策文件、排放核算方法、碳资产管理、碳金融等方面的能力建设，提升企业碳减排意识，促进企业自觉参与碳交易活动；积极培育本地核查机构和核查人员，进一步提高技术支撑能力。

2．天津碳排放权交易试点面临向全国碳市场过渡的挑战

我国将于 2017 年启动全国碳排放权交易市场。作为碳排放权交易试点，天津在向全国碳排放权交易市场衔接和过渡方面仍面临一些挑战。包括：①纳入门槛差异问题。全国碳排放权交易市场纳入门槛略高于天津碳排放权交易试点纳入门槛，且天津市未纳入有色、建材、造纸以及航空业。因此，在确定天津市拟纳入全国碳排放权交易体系的企业名单时，还需对天津试点未纳入的上述行业进行排放情况摸底。②配额存续问题。对于天津试点企业结转的富余配额在 2016 年 6 月之后是否存续、天津试点是否继续运行等问题，需尽快研究制定方案。③MRV 等标准和系统对接问题。天津市的排放核算报告指南如何与国家指南对接，天津市碳排放权交易企业报送系统与国家层面企业温室气体排放数据直报系统如何对接等问题都有待解决。

四、上海

上海是全国经济和金融中心，近年来保持了较快的经济发展速度。作为碳排放权交易试点，上海有序推进制度设计和市场建设相关工作，在碳交易覆盖范围、配额分配等方面进行了积极探索。自 2013 年 11 月 26 日启动交易以来，上海碳排放权交易试点的政策体系进一步完善，市场流动性持续扩大，碳金融产品不断丰富，企业控排意识逐步提高，实现了良好的减排效果。截至 2015 年年底，上海已顺利完成两个履约周期，是唯一按时且 100%履约的试点。

（一）碳交易体系现状

1．政策法规

上海碳排放交易试点的政策法规主要由地方政府规章和上海市发展改革委文件构成，包括碳交易的法律基础、指导性文件，以及关于配额分配和管理，排放测量、报告与核查，市场交易领域的技术文件，如《上海市人民政府关于本市开展碳排放权交易试点工作的实施意见》《上海市碳排放管理试行办法》《上海市温室气体排放核算与报告指南》《上海市 2013—2015 年碳排放配额分配和管理方案》《上海环境能源交易所碳排放交易规则》《上海市碳排放核查第三方机构管理暂行办法》及《上海市碳排放核查工作规则（试行）》等，形成了较为完善的政策体系。

2015 年，上海主要从明确抵消机制、扩大交易主体、完善交易规则等方面对政策体系进行了补充和完善（表 3-25）。2015 年 1 月上海出台了使用 CCER 进行抵消履约的相关规则，对 CCER 的来源、使用比例做了规定。2015 年 4 月上海推出了交易服务商模式，即交易服务商可获得碳市场交易的相关信息，寻找投资者并协助办理入市交易手续，最后获得返还佣金。为进一步加强碳交易市场风险控制，上海环境能源交易所于 2015 年 6 月对交易规则做了修改，公开交易涨跌幅由 30%改为 10%。

表 3-25　2015 年上海碳交易试点发布的主要政策文件

<table>
<tr><th>文件名称</th><th>文件性质</th><th>发布时间</th><th>发布机构</th></tr>
<tr><td>《关于本市碳排放交易试点期间有关抵消机制使用规定的通知》</td><td>政府部门文件</td><td>2015 年 1 月</td><td rowspan="4">上海市发展改革委</td></tr>
<tr><td>《关于开展本市碳交易试点企业 2014 年年度碳排放报告工作的通知》</td><td>政府部门文件</td><td>2015 年 2 月</td></tr>
<tr><td>《关于开展本市碳排放交易试点企业 2014 年年度碳排放报告核查工作的通知》</td><td>政府部门文件</td><td>2015 年 3 月</td></tr>
<tr><td>《关于同意调整本市碳排放交易手续费收费标准的批复》</td><td>政府部门文件</td><td>2015 年 4 月</td></tr>
<tr><td>《上海环境能源交易所交易服务商管理办法（试行）》</td><td>交易所文件</td><td>2015 年 4 月</td><td rowspan="4">上海环境能源交易所</td></tr>
<tr><td>《协助办理 CCER 质押业务的规则》</td><td>交易所文件</td><td>2015 年 5 月</td></tr>
<tr><td>《上海环境能源交易所借碳交易业务细则（试行）》</td><td>交易所文件</td><td>2015 年 6 月</td></tr>
<tr><td>《上海环境能源交易所关于修改交易规则的通知》</td><td>交易所文件</td><td>2015 年 6 月</td></tr>
</table>

2．总量与覆盖范围

上海碳排放权交易试点的配额总量是根据国家控制温室气体排放的约束性指标，并结合上海市经济增长目标和控制能源消费总量制定的，初步估算约为 1.6 亿吨 CO_2/年。

上海碳排放权交易试点覆盖的行业分为工业和非工业，工业行业包括钢铁、石化、化工、有色、电力、建材、纺织、造纸、橡胶、化纤等行业；非工业行业包括宾馆、商场、铁路、金融、航空、机场、港口等行业。工业行业企业的纳入标准为 2010—2011 年中任何一年二氧化碳排放量在 2 万吨及以上（包括直接排放和间接排放），非工业行业企业的纳入标准为 2010—2011 年中任何一年的二氧化碳排放量在 1 万吨及以上。上海碳排放权交易试点共纳入 17 个行业的 191 家企业，排放量占全市总排放量的 50% 以上。2014 年由于一家企业关停，纳入的企业降为 190 家。2015 年，上海碳排放权交易试点的行业覆盖范围和纳入企业门槛均没有变化，控排企业仍为 190 家。

3．配额分配与管理

根据《上海市碳排放管理试行办法》，上海市制定了《上海市 2013—2015 年碳排放配额分配和管理方案》，确定了不同行业的配额分配方法。配额以免费分配为主，并适当引入拍卖。试点企业的配额边界根据上海市相关行业温室气体排放核算与报告方法的有关规定确定，与开展碳排放初始盘查时确定的排放边界一致。

上海碳排放权交易配额分配基于控排企业2009—2011年的二氧化碳排放水平，兼顾行业发展，并考虑合理增长和企业先期节能减排行动。配额分配方法包括历史法和基准线法。工业行业除电力外均采用历史法，主要考虑其历史排放、新增项目和先期减排行动；电力行业采用基准线法，根据实际发电量和基准线确定。非工业中宾馆、商场、商务办公建筑和铁路站点采用历史法，主要考虑其历史排放及先期减排；航空、机场及港口采用基准线法，并考虑其先期减排。各行业的配额分配方法见表3-26。

表3-26 上海碳排放权交易试点排放配额计算方法

行业	分配计算方法
工业（除电力）	配额=历史排放基数+新增项目配额+先期减排配额
电 力	配额=基准线[t CO_2/（万kW·h）]×年度综合发电量（万kW·h）×负荷率修正系数（≥1） 其中，综合发电量=实际发电量+供热折算发电量 供热折算发电量=发电量/热电折算系数 热电折算系数：燃煤电厂 7.35×10^7 kJ/（万 kW·h）、燃气电厂 6.50×10^7kJ/（万kW·h）
宾馆、商场、商务办公建筑和铁路站点	配额=历史排放基数+先期减排配额
航空、机场	配额=单位业务量排放基准线×年度实际业务量+先期减排配额
港 口	配额=单位吞吐量排放基准线×年度吞吐量+先期减排配额

上海市控排企业在2006—2011年实施节能技改或合同能源管理且获得国家或上海市相关部门按节能量给予资金支持的，可获得先期减排配额。先期减排配额量根据节能量换算成碳减排量的30%确定，换算系数为2.23吨二氧化碳/吨标准煤，在试点期间每年平均发放。对于新增项目配额，工业行业试点企业在上海市行政区域内投资建设、年综合能耗达到2 000吨标准煤及以上、符合上海市有关固定资产投资项目管理要求，并于2013—2015年开始试生产或正式生产的项目，可申请新增项目配额。新增项目配额根据项目全年基础配额、生产负荷率及生产时间计算。

上海碳排放权交易试点配额分为2013年配额（SHEA13）、2014年配额

（SHEA14）和 2015 年配额（SHEA15）三种。新增项目配额包括试生产阶段配额、正式生产阶段配额和后续年度配额。各年度的配额免费发放。对于采用历史法计算配额的企业，一次性发放 2013—2015 年各年度的配额；对于采用基准线法计算配额的企业，根据 2009—2011 年正常生产运营年份的平均业务量一次性发放 2013—2015 年各年度的预配额，并于每年 3 月 31 日前根据实际业务量进行调整。所有配额在 2016 年 6 月 30 日前有效。

在配额有偿分配方面，上海在 2014 年 6 月为协助企业履约进行了一次配额拍卖，竞拍底价为 48 元/吨，高于当时市场价，最终 2 家控排企业以底价共拍得配额 7 220 吨，交易额为 34.66 万元。由于一次性发放三年配额，因此，2015 年上海碳排放权交易试点不涉及配额分配方法的改变。2015 年未进行配额拍卖。

4．测量、报告与核查（MRV）

上海市建立了较为完善的 MRV 制度。在排放核算方面，上海市发布了《上海市温室气体排放核算与报告指南（试行）》以及化工、钢铁、电力、热力等 9 个行业的碳排放核算与报告方法，形成了“9+1”的温室气体核算和报告模式。控排企业需要在每年年底提交下一年度的碳排放监测计划，明确监测范围、监测方式、频次、责任人员等内容，报上海市发改委，并严格依据监测计划实施监测。

在报告方面，上海市控排企业需要在每年 3 月底向上海市发改委提交上年度的碳排放报告。此外，2012—2015 年中任何一年的二氧化碳排放量在 1 万吨及以上的非控排企业，在试点期间执行碳排放报告制度。排放报告应包括排放主体的基本信息、排放边界、与温室气体排放相关的工艺流程、监测情况说明、温室气体排放核算、不确定性产生的原因及降低不确定性的方法说明、其他应说明的情况和真实性声明等。

在核查方面，核查机构须在每年 4 月底前提交核查过的控排企业的碳排放核查报告。2014 年 1 月，上海市发改委发布了《上海市碳排放核查第三方机构管理暂行办法》，对核查机构的条件和义务进行了规定。同年 2 月，上海市发改委公布了负责 2013—2015 年碳排放核查的 10 家核查机构名单。同年 3 月发布了《上海市碳排放核查工作规则（试行）》，明确了核查工作的总体要求，制定了工作流程和现场核查的具体细则。

上海市对 2014 年控排企业的温室气体排放核算和报告采用了与 2013

年相同的方法和规则。2015 年 2 月上海市发布了《关于开展本市碳交易试点企业 2014 年度碳排放报告工作的通知》，要求试点企业根据《管理办法》的有关规定，按照《上海市温室气体排放核算与报告指南（试行）》及相关行业方法的要求，于 2015 年 3 月 31 日前完成 2014 年度碳排放报告的编制和报送工作。2015 年 3 月上海市发布了《关于开展本市碳排放交易试点企业 2014 年度碳排放报告核查工作的通知》，对开展核查工作作出了相关要求。上海市对核查机构的服务采用政府采购方式，试点期间核查机构不变。

5．履约

上海碳排放权交易试点控排企业须在每年 6 月 1 日至 6 月 30 日期间，上缴与上一年度排放量相等的碳排放配额，完成履约任务。虽然上海市一次性向企业发放三年配额，但控排企业不能预借未来年度的配额用于当年的履约，但是可以存储当年配额至未来年度使用。关停和迁出的企业不能立即解除履约任务，须向市发改委提交当年度的碳排放报告，并由第三方机构核查，之后根据市发改委的审定结论完成履约任务。此外，企业已经无偿取得的此后年度配额的 50%将被收回。上海试点控排企业在 2013 年度和 2014 年度均实现了 100%履约，是唯一连续两年按时且 100%履约的试点。

上海市规定控排企业可以使用 CCER 进行履约，使用比例不超过企业该年度配额量的 5%。上海市要求进行抵消履约的 CCER 必须是产生于 2013 年 1 月 1 日以后的实际减排量，且不能产生在纳入上海碳交易体系控排企业的排放边界内。2014 年上海有 4 家电力企业共使用约 47 万吨 CCER 进行了抵消履约。

在违约惩罚方面，上海市规定对未履约的控排企业进行经济和行政两方面处罚。在经济手段方面，除责令完成履约外，还可处以 5 万元以上 10 万元以下的罚款。在行政手段方面，将企业违法行为计入信用信息记录，向工商、税务、金融等部门通报，并通过政府网站或媒体向社会公布；取消其享受当年度及下一年度上海市节能减排专项资金支持政策的资格，以及 3 年内参与上海市节能减排先进集体和个人评比的资格；将其违法行为告知上海市相关项目审批部门，并由项目审批部门对其下一年度新建固定资产投资项目节能评估报告表或者节能评估报告书不予受理。上海市还规定了控排企业未履行报告义务和未接受核查的处罚标准。由于上海市控排企业连续两年均实现 100%履约，因此上述惩罚措施暂未开始实施。

6. 交易市场

（1）配额市场

自 2013 年 11 月 26 日启动至 2015 年 12 月 31 日，上海碳交易市场共运行 25 个月。SHEA13、SHEA14 和 SHEA15 三种配额二级市场累计交易量为 493.7 万吨，累计交易额超过 1.37 亿元。其中，公开交易量为 303.4 万吨，交易额为 9 145.9 万元；协议交易量为 190.4 万吨，交易额为 4 558.8 万元（表 3-27）。

2015 年，上海碳排放权交易试点配额的总交易量为 294.05 万吨，比 2014 年的 197.37 万吨增加 49%。2014 年前 6 个月处于第一履约期，前期交易平淡，仅在 6 月履约期活跃，当月交易量 111.48 万吨，占全年交易量的 56.5%；自 9 月起，上海碳市场开始引入投资机构，交易量逐月放大、活跃度稳步提升。2015 年前 6 个月延续了交易量逐月放大的趋势，6 月交易量最大，为 70.41 万吨，占 2015 年全年交易量的 23.9%；履约期结束后，7 —9 月几乎无交易，10 月开始回升（图 3-18）。

表 3-27　上海碳市场成交数据统计

（2013-11-26—2015-12-31）

交易品种	交易方式	交易量/万 t	交易金额/万元	均价/（元/t）
SHEA13	公开交易	90.9	3 585.3	39.4
	协议转让	62.4	2 453.5	39.3
	合计	153.4	6 038.8	39.4
SHEA14	公开交易	207.0	5 482.4	26.5
	协议转让	66.9	1 296.3	19.4
	合计	273.9	6 778.7	24.7
SHEA15	公开交易	5.5	78.3	14.3
	协议转让	61.0	809.0	13.3
	合计	66.5	887.3	13.3
三种配额合计	公开交易	303.4	9 145.9	30.1
	协议转让	190.4	4 558.8	23.9
	合计	493.7	13 704.7	27.8

2015 年上海碳排放配额的交易量较 2014 年显著增加，并且交易不再集中于履约期。可能的原因在于投资机构入市参与交易，以及控排企业开始进行配额管理，能够较好地判断自身盈缺情况，并结合市场行情进行配额买卖。

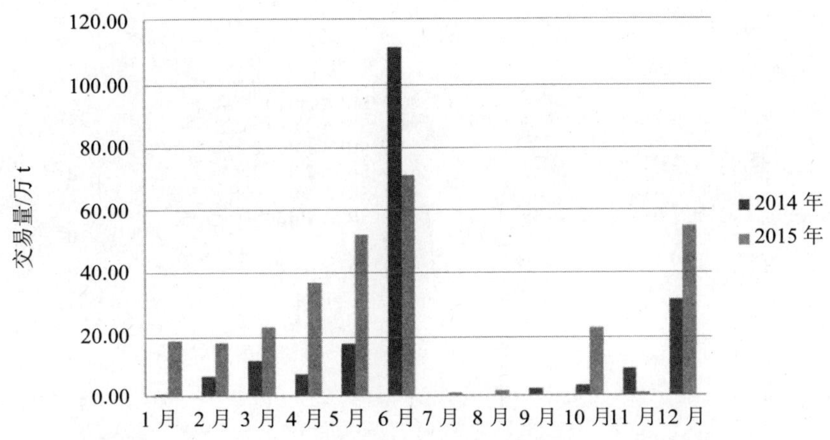

图 3-18 2015 年和 2014 年上海碳排放配额总交易量对比

在交易价格方面，上海碳市场从开市以来，配额价格基本呈下跌趋势，尤其是进入 2015 年后，价格波动较大且持续下跌，前 4 个月基本集中在 25～35 元/吨，6 月初跌破 20 元/吨。履约期结束后 7—9 月，几乎没有交易，10 月交易量开始回升，但价格徘徊在 10～12 元/吨（图 3-19）。2015 年以来的价格波动可能有以下几点原因：①配额分配相对宽松，配额市场整体供过于求；②由于多数控排企业根据上一个履约期的经验对自身配额盈缺有初步判断，以及配额在试点期后如何处理并不明确，因此配额过剩的控排企业开始抛售盈余配额；③由于政府缺乏调控机制，当价格大幅下跌时，无法对市场进行适当的调控，最终出现持续下跌的局面。

（2）CCER 交易

上海市根据 CCER 使用限制条件，创新性地采用产品交易的方式进行 CCER 交易——即将 CCER 划分为“可用于上海履约抵消的 CCER”和“不能用于上海履约抵消的 CCER”两类产品，便于上海控排企业进行履约交易。从 2015 年 4 月完成首笔 CCER 交易，至 2015 年 6 月 30 日（2014 年度履约期结束），上海碳排放权交易试点 CCER 交易量超过 200 万吨，居七个碳试点首位。随着 CCER 签发量增加及市场主体对其接受度提高，自 8 月起，CCER 交易量大幅攀升，当月超过 300 万吨；11 月超过 1 000 万吨。截至 2015 年 12 月 31 日，上海 CCER 公开交易量占七试点 CCER 总交易量的 70%以上。上海 CCER 公开交易价格多集中在 12～18 元/吨。

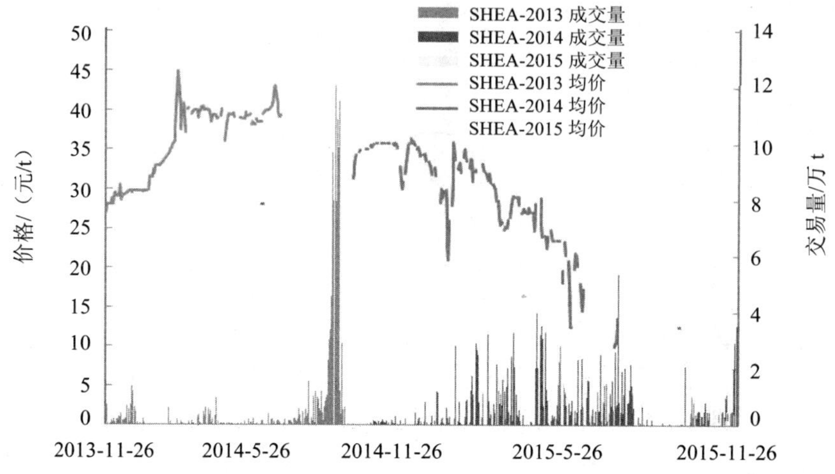

图 3-19　上海碳市场交易量及价格走势

（2013-11-26—2015-12-31）

（3）碳金融

上海市高度重视碳金融市场的建设。上海市发展改革委在 2015 年初公布的应对气候变化重点工作安排中明确提出发展碳金融，上海市政府出台的关于资本市场建设的意见中提出使用碳排放权交易工具，为上海碳金融市场建设奠定了基础。上海环交所随后陆续出台了协助办理 CCER 质押业务、借碳业务等多项细则，用于规范引导相关业务的开展。上海碳排放权交易试点开展的主要碳金融业务见表 3-28。

表 3-28　上海试点碳金融业务

业务名称	时间	参与方	业务描述
CCER 质押贷款	2014-12-11 签约	上海宝碳新能源环保科技有限公司 上海银行	CCER 质押贷款指企业以持有的 CCER 作为质押标的获得的贷款。定价方式是以当时七试点碳配额价格的加权平均价作为基准价，并按一定质押率折算 上海宝碳通过上海环境能源交易所办理 CCER 的质押登记，以数十万吨 CCER 从上海银行获得 500 万元贷款

业务名称	时间	参与方	业务描述
CCER 预购买权合同	2014-12-26 签订	中广核风电公司 上海宝碳新能源环保科技有限公司	CCER 预购买权是指 CCER 权利购买方有权以特定价格购买 CCER 出售方未来产生的一定量的 CCER 本业务中，上海宝碳预购买中广核未来一年内产生的 200 万 t CCER
碳基金	2014-12-31 成立 2015-01-18 启动	海通新能源股权投资管理公司 上海宝碳新能源环保科技有限公司	碳基金指专门用于投资碳相关业务的基金。海通新能源与上海宝碳成立规模 2 亿元的碳基金，由海通资产管理有限公司对外发行，海通新能源和上海宝碳作为投资人和管理者，对全国范围内的 CCER 进行投资
借碳	2015-8-6 签约	申能财务有限公司 外高桥第三发电有限责任公司 外高桥第二发电有限责任公司 吴泾第二发电有限责任公司 临港燃机发电有限责任公司	借碳是指符合条件的配额借入方存入一定比例的初始保证金后，向符合条件的配额借出方借入配额并在交易所进行交易，待双方约定的借碳期限届满后，由借入方向借出方返还配额并支付约定收益的行为。其中，初始保证金为借碳金额的 30% 申能财务有限公司作为碳排放权配额借入方，分别与四家发电企业签订借碳合同，配额总量为 20 万 t

（二）碳市场特点

1．试点实施效果显著，产生了良好的社会效应

碳排放权交易机制作为一种以较低成本实现减排的市场机制，其作用初步显现，推动了产业结构调整和低碳转型。2013 年，上海市工业行业控排企业碳排放量较 2011 年减少 531.7 万吨，降幅 3.5%。2014 年，上海市控排企业碳排放量较 2011 年减少 11.7%。上海试点连续两年实现控排企业 100%履约，产生了良好的社会效应，提高了企业的碳排放控制和碳资产管理意识，吸引了一批投资机构参与，培育了碳咨询、核查、CCER 开发等专业机构，提高了社会各界对碳交易的认知度。

2．政策体系保持稳定，管理体制相对健全

上海碳排放权交易试点的政策法规体系主要由地方政府规章和上海市发改委文件构成，为碳市场提供了稳定的制度保障和政策基础。自启动以来，政策体系未进行大的调整。配额一次性发放，政策预期明确，有利于交易主体参与市场交易，体现了政策的连续性和稳定性，促进了碳市场的发展。同时，为了扩大交易主体、配合碳金融业务的开展，上海出台新的配套细则，对政策交易体系进行不断完善。上海实施碳排放权交易管理机制相对健全，上海市发改委成立了专门的碳交办[①]负责相关事务，并通过经济和行政等多种有效手段对控排企业加以约束，督促企业履约，取得了良好效果。

3．覆盖范围广，MRV 行业指南齐全

上海市结合本市产业结构特点，在实施碳排放交易体系中不仅纳入了工业企业，也纳入了非工业行业。上海碳排放交易体系覆盖了 17 个行业，覆盖行业数量在七试点中最多，有助于利用不同行业的温室气体排放特点和减排成本差异，形成活跃的交易市场。上海市将机场、港口、商业、金融等行业纳入碳交易体系，有利于探索高排放和控排难度大的相关行业参与碳交易的相关模式并积累经验。上海市主管部门发布了《上海市温室气体排放核算与报告指南（试行）》以及化工、钢铁、电力、热力等 9 个行业的碳排放核算方法，形成了“9+1”的温室气体核算和报告模式，建立了统一的碳排放测量、报告和核算方法。

4．配额总量相对宽松，不同行业需求各异

为鼓励控排企业参与，上海碳排放交易体系的配额总量设定相对宽松。以 2014 履约年度来看，上海的纺织、钢铁等行业配额较松，而航空、电力等行业配额偏紧。不同行业配额供需差异可能由于：①纺织、钢铁行业按照历史法分配配额，由于受到经济下行因素影响，排放量减少，导致配额过剩；②电力生产企业是按照基准线法分配配额，由于该行业具有碳排放强度与发电时间负相关的特性，而该履约年度电力企业生产时间较基准年减少，因此碳排放强度增加，配额出现缺口；③航空企业采用基准线法分配配额，基准线体现既有设施运行的碳排放强度，由于该年度业务量较往年有大幅提高，但增加的业务量大部分来自于新的航空器而非既有航空器，新航空器刚投入使用时碳排放强度高于正常运营，因此导致配额短缺。

① 全称为上海市碳排放交易试点工作领导小组办公室。

5．一次性发放三年配额，调整难度大

上海市一次性发放了2013—2015年三年的配额，由于总量相对宽松以及经济下滑等原因，部分企业配额富余，出现抛售现象，造成配额价格显著下跌。上海自开市以来，配额价格从初期的40元/吨左右一路下跌，到2015年年底，价格徘徊在10～12元/吨，处于同期七试点配额价格的低位。由于上海市没有相应的配额回购等措施，一次性发放三年配额增加了后续调整的难度。碳价过低将难以反映企业的实际减排成本，同时也会严重影响低碳技术领域的投资热情，不利于碳市场的长远发展。

6．信息透明度不足

上海市碳交易政策体系虽然政策明确、规则清晰，但是部分关键信息，比如碳交易体系的配额总量、预发配额的调整量等外界关心的数据始终未公布。透明度是一个运转良好的交易系统不可或缺的部分，也是体系的信誉度、可接受性和有效性的关键。只有让市场各参与方对体系中的碳配额稀缺程度有清晰的概念，才会相信配额价格所发出的信号，进而做出正确的决策。信息不透明使得市场增加了自由裁量权的可能，从而处于“弱有效”状态，使得参与方对市场前景难以把握，难以做出理性的投资决策。

7．抵消规则限制较少，CCER交易活跃

上海市允许使用产生于2013年之后、不超过配额量的5%的CCER用于履约，对CCER的地域来源没有规定，在七试点中限制最少，有利于吸引相关方参与市场交易。自2015年4月至2015年年底，上海碳排放权交易试点CCER交易较为活跃，交易量超过2 500万吨，占全国CCER总交易量70%以上，反映出上海在吸引相关交易主体参与市场交易方面形成了一套有效的模式。2015年年底，上海碳排放权交易试点CCER的交易价格高于配额价格，体现出投资机构对CCER未来预期相对较高。

（三）展望

经过两年多的运行，上海碳排放权交易试点制度体系进一步完善，企业碳管理意识逐步增强，市场流动性不断提高，投资机构参与日趋活跃，碳金融产品不断丰富，碳交易机制的减排功能初步显现。全国碳市场将于2017年正式启动，2016年对于上海来说尤为关键，上海市正积极开展各项工作。

1．扩大碳交易体系覆盖范围

根据上海市碳交易管理工作的总体部署和工作安排，上海市下阶段将扩大碳交易体系的覆盖范围。2016 年 2 月上海市发展改革委公布了上海市碳排放权交易体系 2016 年纳入配额管理的单位名单，新增了水运业；2016 年共纳入 310 家企业，新增了 156 家工业企业及 15 家水运企业，同时去除了纳入 2013—2015 年碳交易体系但不再满足条件的 51 家企业。这明确了上海市将在 2016 年之后继续实施其碳交易体系。因此，上海市 2016 年针对纳入企业开展的碳排放报告、核查、配额分配、能力建设等工作将大幅增加，对碳市场的管理也将面临考验。

2．优化完善配额分配方法

根据上海市碳交易管理工作的部署安排，上海将优化完善配额分配方法。在 2013—2015 年试点期间，上海市对纳入的控排企业采用了历史法与基准线法，并考虑先期减排等因素。对于纳入 2016 年碳交易体系的行业企业，预计配额分配方法将在基准年选取、基准线制定、配额后期调整方面作出相关调整，从而增加分配方法的灵活性。

3．继续碳金融产品开发与创新

上海通过引入机构投资者、推出交易服务商模式拓展市场主体，并出台了 CCER 质押、借碳等配套细则，已开展了 CCER 预购买、CCER 质押、借碳、碳基金等相关碳金融业务。上海将延续其在碳金融方面的优势，开发新的碳金融产品并扩大业务量，充分发挥经济杠杆的调节作用，促使金融资源配置更好地向低碳经济领域倾斜。同时，上海积极引入投资机构，有助于促进国内外碳金融领域优质资本、项目、技术和人才在上海聚集。

4．未来可能同时存在国家和上海两个碳市场

国家已明确了全国碳市场的覆盖行业和企业门槛，全国碳市场覆盖的 8 个行业，即石化、化工、建材、钢铁、有色、造纸、电力和航空均属于上海碳排放权交易试点的覆盖范围；除航空外，全国碳市场的企业纳入门槛与上海碳排放权交易试点的纳入门槛基本相当。由于上海市碳排放权交易试点覆盖了更多的行业企业，以及一些由于产能下降而达不到全国碳市场纳入门槛但仍留在 2016 年上海市碳排放权交易体系的企业，预计上海将制定相关措施，在与国家碳市场接轨的同时，保持上海独立的碳市场，而两个市场的关系、相关政策如何衔接等一系列问题仍有待进一步明确。

五、重庆

2014 年 6 月 19 日，重庆市启动碳排放权交易试点，是七省市碳交易试点中最后一个启动的地区。重庆碳交易体系的机制设计与管理模式具有鲜明的市场导向特征，采用博弈论等方法进行制度创新；同时，受经济下行压力增大、配额供给关系等因素影响，重庆碳市场交易规模有限、活跃度较低。2015 年，重庆碳交易试点按既定计划稳步推进碳交易市场建设，一并完成了 2013 年度、2014 年度履约工作，对试点控排企业温室气体排放量下降产生了积极作用。

（一）碳交易体系现状

1．政策法规

重庆市碳交易政策法规体系主要由人大立法、政府规范性文件、碳排放权交易机构规则三部分构成，对重庆市碳交易实施各环节均进行了规定（表 3-29）。2014 年，重庆市人大常委会将《关于碳排放管理若干事项的决定》纳入立法计划；重庆市政府出台了《重庆市碳排放权交易管理暂行办法》，重庆市发展改革委会同有关部门制定了碳排放配额管理、工业企业碳排放核算报告和核查等相关文件；重庆联合产权交易所发布了《重庆联合产权交易所碳排放交易细则（试行）》以及碳排放交易的结算管理、风险管理、信息管理、违规违约处理等一系列办法。

2015 年，重庆市发布了一系列工作通知，推动完成各项碳交易工作部署（表 3-30）；但同时并未根据试点碳市场运行情况对其政策法规体系进行调整。重庆市政府积极推动市人大通过《关于碳排放管理有关事项的决定》，虽暂未形成最终的文件，但取得了一定进展，为重庆市在下一阶段提升碳交易政策的完备性、强化制度约束力提供了有利条件。

表 3-29 重庆市碳排放权交易主要政策法规

文件层级	文件名称
立法层面	《关于碳排放管理有关事项的决定》（征求意见稿）
地方政府规范性文件	《重庆市碳排放权交易管理暂行办法》
	《重庆市碳排放权交易试点实施方案》
	《重庆市碳排放配额管理细则（试行）》
	《重庆市工业企业碳排放核算和报告指南（试行）》
	《重庆市工业企业碳排放核算、报告和核查细则（试行）》
	《重庆市企业碳排放核查工作规范（试行）》
碳排放权交易机构管理规则	《重庆联合产权交易所碳排放交易细则（试行）》
	《重庆联合产权交易所碳排放交易结算管理办法（试行）》
	《重庆联合产权交易所碳排放交易风险管理办法（试行）》
	《重庆联合产权交易所碳排放交易信息管理办法（试行）》
	《重庆联合产权交易所碳排放交易违规违约处理办法（试行）》

表 3-30 2015 年重庆碳交易试点发布的主要政策文件

文件名称	文件性质	发布时间	发布机构
《关于开展 2014 年度碳排放报告工作的通知》	政府部门文件	2015 年 2 月	重庆市发改委
《关于下达重庆市 2014 年度碳排放配额的通知》		2015 年 3 月	
《关于开展 2014 年度配额单位碳排放核查工作的通知》		2015 年 3 月	
《关于开展 2014 年度配额管理单位碳排放复核工作的通知》		2015 年 4 月	
《关于抓紧做好 2013—2014 年度碳排放配额清缴工作的通知》		2015 年 5 月	
《关于下达 2014 年度审定碳排放量和碳排放配额（调整）的通知》		2015 年 5 月	
《关于提供碳排放重点企业名单的通知》		2015 年 6 月	
《关于申报 2015 年度碳排放量的通知》		2015 年 9 月	
《关于下达重庆市 2015 年度碳排放配额的通知》		2015 年 11 月	

2．**总量与覆盖范围**

逐年缩减配额总量、设定绝对量化的减排目标是重庆碳交易试点的重要机制创新，以确保市场机制对实现辖区整体减排目标的贡献率。重庆市碳排放权交易试点采用“自下而上”和“自上而下”相结合的方法确定年度配额总量，即一方面通过碳盘查获得企业 2008—2012 年历史排放量，并选择各个企业的最高年度排放量加总得到2013年交易体系覆盖企业的基准配额总量；另一方面，重庆市结合“十二五”期间重庆市碳排放强度下降17%的目标以及重庆市单位工业增加值能耗下降18%的目标，确定了碳交易体系覆盖企业2013—2015年度配额总量逐年下降4.13%的绝对量化减排目标。根据企业历史温室气体排放数据，重庆确定碳市场基准配额总量为1.36亿吨[①]，在此基础上可得出2013—2015年各年的配额总量分别为1.31亿吨、1.26亿吨和1.21亿吨（图3-20）。

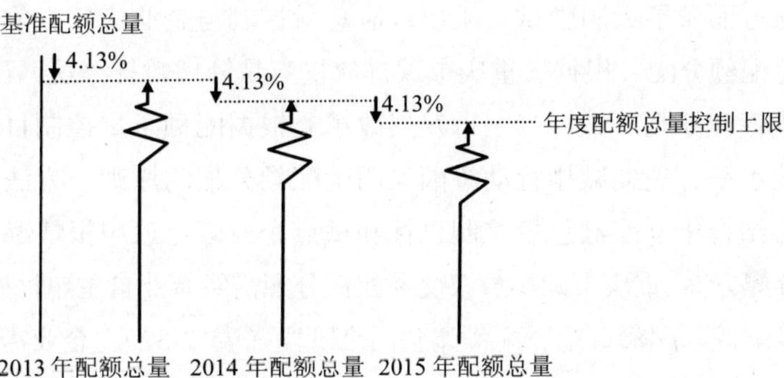

图3-20　重庆市年度配额总量上限确定示意图

重庆市根据其产业结构特点与经济发展实际情况，将2008—2012年任一年碳排放量在2万吨二氧化碳当量以上（按能耗在1万吨标准煤以上统计）的工业企业纳入交易体系，涉及电力、冶金、化工、建材等多个行业。同时，重庆市是我国唯一覆盖甲烷、氧化亚氮、氢氟碳化物、全氟化碳、六氟化硫6种温室气体的碳交易试点，控排企业温室气体排放量约占全市工业温室气体排放总量的55%，占全市温室气体排放总量的40%左右。

2015年，重庆市并未调整有关总量与覆盖范围的规定，但受企业关停并转等因素影响，其控排企业数量从2014年的237家下调为233家[②]（表3-31）。

① 重庆部分配额单位实指吨二氧化碳当量。

② 数据来源：《重庆市发展和改革委员会关于下达重庆市2013年度排放配额（调整）的通知》《重庆市发展和改革委员会关于下达2014年度审定碳排放量和碳排放配额（调整）的通知》。

表 3-31　重庆碳交易试点配额总量与覆盖范围的变化

	配额总量/亿 t	覆盖企业数/家	基准年
2013 年	1.31	242	2008—2012
2014 年	1.26	237	2008—2012
2015 年	1.21	233	2008—2012

3．配额分配与管理

重庆市根据“以市场机制为核心促进温室气体减排”的理念，在配额分配方法方面做了大胆尝试，采用政府总量控制与企业博弈竞争相结合的方法进行配额分配。根据《重庆市碳排放权交易管理暂行办法》《重庆市碳排放配额管理细则（试行）》，市发展改革委根据配额总量控制目标、企业历史排放水平、先期减排行动等因素明确配额分配的原则、方法及流程等事项，再结合年度配额总量控制目标和试点企业碳排放申报情况，拟定年度配额分配方案。重庆市碳排放权交易配额分配需经企业自主申报碳排放量、确定年度配额、配额分配、配额调整四个阶段（表 3-32）。企业需要在申报环节尽可能准确预估其全年生产情况、其他控排企业可能的申报量等因素。

表 3-32　重庆碳交易试点配额分配流程

序号	配额分配阶段	主要内容
1	企业自主申报	控排企业在规定时间内通过碳排放电子申报系统和加盖公章的书面文件向市发展改革委报送本年度预计碳排放量（申报量）
2	确定年度配额	向控排企业下达的初始配额量需根据控排企业申报量之和与年度配额总量的比较关系确定： （1）申报量≤年度配额总量，年度配额按申报量确定 （2）申报量＞年度配额总量，结合企业历史最高年度排放量、利用博弈法确定
3	配额分配	交易机构根据市发展改革委公布的年度配额分配方案通过注册登记系统发放配额（初始配额下达量）
4	配额调整	控排企业最终获得配额还需与审定排放量进行比较，按下述规则完成配额调整，确定调整后配额量（控排企业最终获得的配额量）： （1）申报量＞审定排放量×（1+8%），扣除配额量=申报量−审定排放量 （2）申报量≤审定排放量（1−8%），补发配额量=审定排放量−申报量

在配额管理方面，重庆市对由控排单位结构调整等因素引起的配额划归问题进行了详细的规定（表3-33），为控排企业退出碳市场提供了制度约束与保障。

表3-33　重庆碳交易试点配额管理规则

结构调整情况	配额存续方式
控排企业间合并	存续企业或新设企业继受原企业的配额
控排企业与非控排企业合并	存续企业或新设企业继受原纳入企业的配额，原非纳入企业的碳排放不占用配额
控排企业分立	存续企业和新设企业继受原企业的配额
控排企业将全部排放设施转移出本市行政区域或整体关停排放设施	市发展改革委审定其排放量后收回剩余配额，交易中心将剩余配额转移至政府储备账户

截至2015年年末，重庆市已完成2013年、2014年、2015年初始配额量的下达工作以及2013年、2014年配额调整工作（表3-34）。总体来看，初始配额分配量均小于重庆根据企业历史温室气体排放数据与“十二五”减排目标确立的配额总量（分别为1.31亿吨、1.26亿吨、1.21亿吨），这反映出控排企业配额申报量低于同期配额总量，申报量与初始配额下达量基本相等。同时，2013年、2014年重庆市控排企业经调整后配额量（控排企业最终获取的配额量）相比这两年的配额总量分别下调约8%、16%，在市场交易规模有限的情况下，这也反映出重庆市2013年、2014年控排企业碳排放下降超过预期。此外，2015年配额分配与管理政策保持了稳定。

表3-34　重庆市2013—2015年配额分配情况①

年份	配额总量/亿t	初始配额下达量/亿t	调整后配额量/亿t	调整后配额相较配额总量下降比例/%
2013	1.31	1.25	1.20	8
2014	1.26	1.15	1.06	16
2015	1.21	1.05	—	—

① 根据《关于下达重庆市2015年度碳排放配额的通知》《重庆市发展和改革委员会关于下达重庆市2014年度碳排放配额的通知》《重庆市发展和改革委员会关于下达2014年度审定碳排放量和碳排放配额（调整）的通知》《重庆市发展和改革委员会关于下达重庆市2013年度碳排放配额的通知》《关于下达2013年度审定碳排放量和碳排放配额（调整）的通知》等文件整理。

4．排放测量、报告与核查（MRV）

重庆市制定了《重庆市工业企业碳排放核算报告和核查细则（试行）》《重庆市工业企业碳排放核算和报告指南（试行）》《重庆市企业碳排放核查工作规范（试行）》等技术文件，对监测计划、报告制度、核算方法、核查流程与机构等方面做出了明确的规定。重庆市报告企业与控排企业范围一致，并未强制控排企业编制碳排放监测计划；考虑到核算气体种类多、企业基础数据薄弱等实际情况，重庆温室气体核算方法相对其他试点较为简单，核算指南中不区分行业，而是统一给出排放计算公式和各类排放因子，更侧重于可操作性；此外，重庆的核查流程主要包括接受委托等六环节，与其他试点基本保持一致。

2014 年、2015 年重庆市并未调整 MRV 政策体系，其碳排放核查队伍也维持了“10+1”整体架构（表 3-35），即 10 家核查机构、1 家复查机构。重庆市政府为核查机构完成 2015 年碳排放核查工作提供大力支持，出面协调解决核查工作中所遇到的困难，保证首年度碳排放核查工作进度。

表 3-35　2015 年重庆市碳排放核查机构名单

机构类型	机构名称	
复查机构	重庆市质量和标准化研究院	
核查机构	重庆国际投资咨询集团	中国质量认证中心成都分中心
	广州赛宝认证中心	中国船级社质量认证公司
	重庆市节能技术服务中心	重庆江河工程咨询中心
	重庆市建设项目管理公司	中冶赛迪重庆环境咨询有限公司
	联合优斯（北京）技术服务公司	重庆市计量质量检测研究院

5．履约

由于重庆试点启动时间较晚，其试点期分为 2013—2014 年和 2015 年两个履约期。因此，重庆市控排企业需在 2015 年一并完成 2013 年、2014 两年度履约任务。根据规定，重庆市控排企业可以使用国家核证自愿减排量（CCER）抵消碳排放量，比例不超过企业审定排放量的 8%，并通过减排项目投入运行时间（2010 年 12 月 31 日后）及项目类型加以限制。此外，重庆市针对不同的违规行为与主体制定了罚款、取消节能补贴等惩处措施。

重庆市控排企业数量从2014年6月开市初期的242家下调为233家[①]，根据既定履约流程，重庆市应于2015年6月23日完成前两年度试点履约工作，履约期为5月25日至6月23日。然而，受控排企业对碳交易履约流程认识不足、核查任务强度较大、部分控排企业配合积极性不足等因素影响，重庆市难以按原定计划完成各项工作，因此，将原定履约截止日推迟一个月（7月23日）。截至2015年末，重庆市并未公布官方履约数据。此外，2013年度、2014年度重庆市并无控排企业利用国家核证自愿减排量（CCER）完成履约。

6．交易市场

在重庆市政府的指导下，重庆联合产权交易所建立了“重庆市碳排放权交易中心”，并作为辖区内碳排放交易指定机构，制定了涉及风险管理等方面的管理办法，形成了较完善的交易管理制度。重庆市碳市场的交易主体为配额管理单位、其他符合条件的市场主体及自然人，相对准入门槛较低。

重庆市自开市至2015年末的交易量总计约27.7万吨，总成交额约为679.3万元，交易均价约24.5元/吨，无国家核证自愿减排量（CCER）交易。2015年，重庆碳排放权交易市场共交易配额13.2万吨，总成交额233.5万元，全年试点配额均价约为17.7元/吨。2015年重庆碳市场月度交易情况见图3-21。

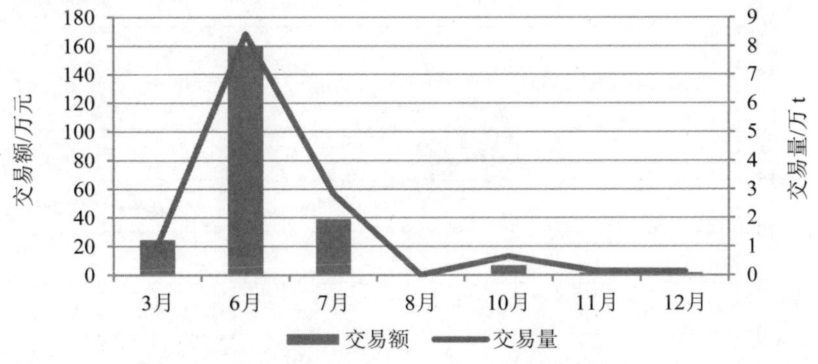

图3-21　2015年重庆碳市场月度交易情况

① 数据来源：《重庆市发展和改革委员会关于下达重庆市2013年度排放配额（调整）的通知》《重庆市发展和改革委员会关于下达2014年度审定碳排放量和碳排放配额（调整）的通知》等文件。

与其余碳交易试点相比，重庆碳市场交易规模较小，市场活跃度较低，同时，其碳交易均通过公开交易完成，尚无协议交易。据统计，2015 年重庆碳市场仅有 27 个活跃交易日，交易量仅占我国试点碳市场总交易量的 0.4%，交易额仅占试点碳市场总交易额的 0.27%。具体来看，重庆市碳市场交易集中于其履约期，6—7 月交易量约为 11.3 万吨二氧化碳当量，交易额约为 198.7 万元，活跃交易日为 17 天，占比分别达 85.2%、85.1%和 63%（图 3-22、图 3-23），其他时期交易活跃度有限。

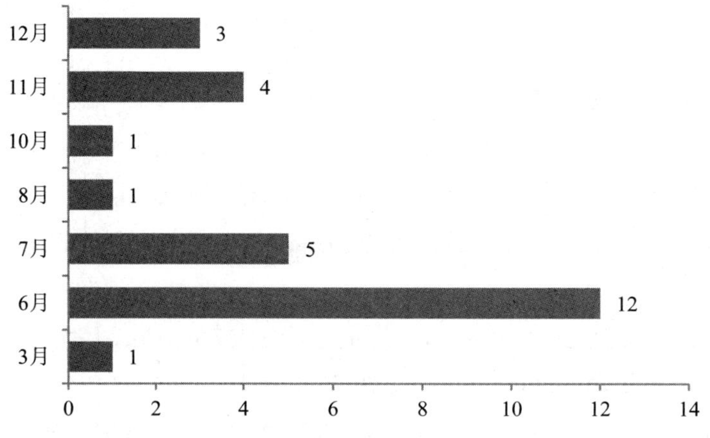

图 3-22　2015 年重庆碳市场活跃交易日统计　　单位：天

数据来源：根据重庆市碳排放权交易中心数据整理。

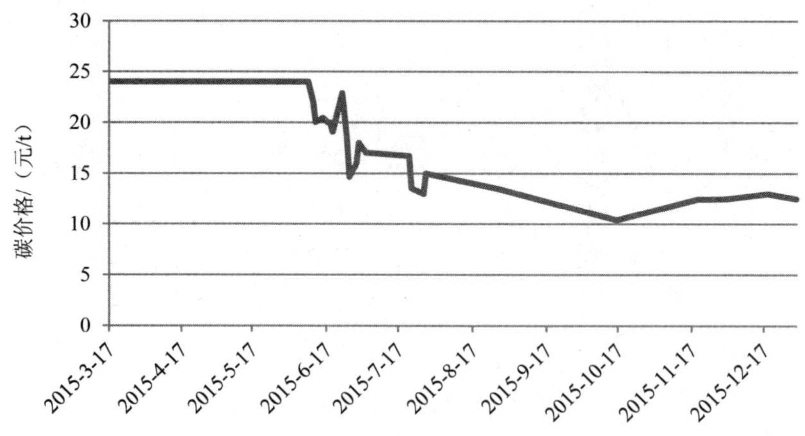

图 3-23　2015 年重庆碳价格走势

数据来源：根据重庆市碳排放权交易中心数据整理。

重庆配额价格在 2015 年总体呈现持续下滑趋势（图 3-23），配额最高价为 24 元/吨，最低价为 10.4 元/吨。全年配额均价约为 17.7 元/吨，同比降幅约为 43%，较全国试点碳市场同期配额均价总体水平约低 31%。

（二）碳市场特点

1．总量控制与企业博弈竞争相结合的分配模式提升控排企业自主性

相比于其他试点，重庆碳交易试点建立了绝对量下降的年度配额总量控制机制，控排企业面临的减排压力将逐年增大，保证了碳市场对整体减排的贡献。控排企业在配额分配环节具有较强的自主性，政府总量控制与企业博弈竞争相结合的分配模式要求控排企业需对自身与其他控排企业年度排放具有相对准确的判断，配额调整机制的引入使重视碳交易能力建设的控排企业能够获取竞争优势，为其在碳市场获利奠定了基础，提升了配额分配的竞争性与公平性，并使“以市场为主体”的理念贯穿其碳交易体系的始终。

2．总量目标设定宽松影响配额供需关系，市场运行效率较低

从配额分配与市场交易情况来看，重庆市设定的年度配额总量对控排企业减排的约束力较低，控排企业配额申报量基本均能得到满足，配额供过于求的情况明显。在此情况下，控排企业普遍倾向于仅按试点政策要求完成履约任务，缺乏参与碳交易的必要性与主动性，市场配额有效需求过低导致市场活跃度较低，进而使得市场机制优化资源配置的作用大打折扣，难以保证政策目标的实现。

3．碳交易试点政策连续性较高

碳市场受政策性因素影响显著，为维护合理的碳交易秩序、促进碳市场形成稳定的预期，重庆碳交易主管部门在政策制定、执行等方面均强调以市场为核心，降低政府行为对碳价格等重要指标的影响。因此，在面临 2015 年重庆碳市场活跃度较差、交易规模较低的不利局面下，重庆碳交易主管部门依然保持了碳交易政策的稳定性，并通过观察与评估当前政策框架下的碳市场表现为下一阶段的政策调整提供了思路。

4．试点碳交易工作推进力度有待加强

相较其他碳交易试点而言，重庆市推动碳交易相关工作的主动性不足，缺乏调控市场失灵的手段。该情况一方面反映出重庆市政府部门对碳交易领域工作的重视程度有待提高，利用市场机制促进节能减排的政治决心不足，难以保证碳市场运行效率及碳交易政策实施效果；另一方面，重庆市碳交易机构建设相对薄弱，碳交易政策与技术支撑单位数量较少、规模有限，对重庆市推动碳交易试点制度建设带来不利影响。

5．国有企业在履约过程中起到示范作用

2015 年是重庆碳交易试点首个履约年度，各项工作均处于尝试、摸索的阶段；同时，由于本年度需同时完成 2013 年度、2014 年度的履约工作，交易机构、核查机构、控排企业等相关方均面临着较大的压力。在此情况下，国有企业充分发挥了引领作用，按照重庆碳交易试点既定部署完成了履约任务，对重庆碳交易主管部门的工作形成了有力的支撑。截至 2015 年 7 月初，重庆市已完成履约的国有企业占比已超 90%，同期履约表现远超私营企业，起到了良好的示范效应。

6．核算方法相对简单，排放数据不确定性大

重庆市温室气体排放核算采用统一的计算公式和各类排放因子，核算方法未划分层级，不区分行业参数、多采用统一的缺省值，未充分考虑各行业碳排放差异性；同时，基于国家相关标准设定的排放因子对辖区内行业企业实际情况考虑不足，从而影响了排放数据的准确性、科学性。

7．控排企业碳交易能力建设有待加强

从首年度市场运行、履约等方面来看，重庆市控排企业对碳交易体系理解不够深入，对相关流程了解不够全面、细致，碳资产管理意识薄弱。重庆市碳交易主管部门虽开展了碳交易培训会等一系列碳交易能力建设活动，但受活动规模过大、时间较短、频率较低等因素影响，多数控排企业对碳交易工作的理解与重视程度仍较有限，建立内部碳交易管理制度的控排企业数较低，由单一职员兼职负责碳交易相关工作的情况比较普遍，进而导致控排企业管理工作的连续性较差。

8．与全国碳市场实现制度层面对接的难度较大

受制度创新、标准选择等因素影响，相比其他试点省市，重庆市碳交易政策与国家政策取向存在较大差异，该情况在配额分配、核算标准选择等方面表现得较突出。这就使其在全国碳交易体系建立和启动后，面临较为尴尬的境地，其试点阶段的制度积累与资源投入不仅难以转化为新时期的竞争优势，还可能需要大幅改变辖区碳交易管理政策体系。

（三）展望

1. 重庆碳市场交易很可能持续低迷

根据重庆碳市场启动来的交易情况，结合 2015 年初始下达配额低于该年度既定配额总量的情况，重庆碳市场在进入 2016 年后配额仍将总体保持供过于求态势。一方面，受惠于配额调整机制，钢铁等年碳排放量较高的行业配额年富余规模较大，同时，2013 年、2014 年剩余的配额将直接冲击 2016 年重庆碳市场供需形势；另一方面，经过首次履约后，控排企业对于重庆碳交易政策的理解进一步深化，其对内部碳排放量计算与管理将更为准确，有利于其充分利用调整机制以获取较多配额。因此，在重庆碳交易政策总体维持稳定的前提下，配额供需失衡的态势在短期内难以解决，市场交易频率与规模快速提升的可能性较低，试点配额价格较可能在低位徘徊，CCER 缺乏进入市场的空间。

2. 重庆市有望逐步调整试点碳交易政策，以实现与全国碳市场的对接

2016 年是向全国碳市场过渡的关键一年。为提高碳市场效率、增强控排企业碳交易能力、降低与全国碳市场对接难度，重庆市碳交易主管部门可能在全国碳市场启动前，根据其试点运行情况调整其配额分配、核查等碳交易政策。一方面，根据国家发展改革委发布的《关于切实做好全国碳排放权交易市场启动重点工作的通知》，结合重庆市控排企业纳入标准，其在全国碳排放权交易覆盖行业范畴内的控排企业将纳入全国碳交易体系；为保证该类企业能够适应全国碳交易的相关要求，重庆市有必要在试点期内提高碳市场的约束力与运行效率，使企业对市场交易流程、基本策略的理解更深入，因此，其可在保证分配方法不变的情况下，收紧配额总量控制，平衡配额供需关系。另一方面，为适应全国碳交易体系在 MRV 领域的相关要求，重庆市也有必要根据国家相关规定与标准调整、细化试点核算办法，加强重庆市核查机构能力建设，鼓励核查机构参与跨省碳交易盘查与核查工作、尝试应用国家碳排放核算报告指南。

六、广东

广东是我国经济和能源消费大省。2013 年 12 月 19 日，广东碳排放权交易试点正式启动，是我国配额体量最大的试点。广东碳交易试点政策公开透明，测量、报告与核查（MRV）体系科学严谨，配额分配采用拍卖和免费分配相结合的方式，市场交易逐渐活跃，控排企业履约率逐年提高。2015 年，广东碳市场建设工作稳中有进，针对之前运行中出现的问题出台了相应政策，完善碳交易体系；同时开展全国碳市场建设的准备工作，以实现试点向全国碳市场的平稳过渡。

（一） 碳交易体系现状

1. 政策法规

广东省碳排放权交易试点政策法规体系健全、层次明确。政府先后出台了《广东省碳排放权交易试点工作实施方案》《广东省碳排放管理试行办法》，对碳交易试点做出原则性指导和纲领性要求。在此基础上，发改委等机构针对配额分配和管理、MRV、登记注册、市场交易等领域制定了相应的规范文件（图 3-24）。

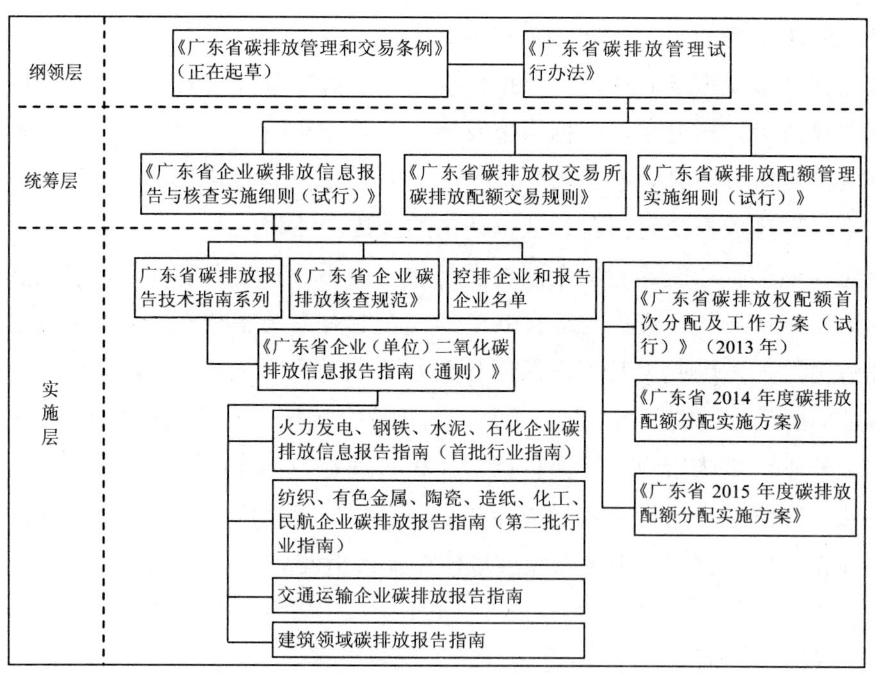

图 3-24 广东碳交易试点政策体系

2015 年，广东发布了《关于做好 2014 年度企业碳排放信息报告核查和配额清缴履约相关工作的通知》等一系列通知和规定，以确保 2014 年度的核查、履约等工作的开展（表 3-36）；并针对试点出现的问题，不断健全碳交易政策体系，包括修订配额管理方案和核查细则、优化第三方核查机构的选择模式、扩大报告企业范围、补充 CCER 抵消规定、修改交易规则、完善交易制度等。

表 3-36　2015 年发布的主要政策文件

文件名称	文件性质	发布时间	发布机构
《广东省企业碳排放信息报告与核查实施细则（试行）》	规范性文件	2015 年 2 月	广东省发展改革委
《广东省企业碳排放核查规范》（2014 版）	规范性文件	2015 年 2 月	
《广东省企业（单位）二氧化碳排放信息报告指南》（2014 版）	规范性文件	2015 年 2 月	
《关于做好 2014 年度企业碳排放信息报告核查和配额清缴履约相关工作的通知》	部门通知	2015 年 2 月	
《广东省碳排放配额管理实施细则（试行）》	规范性文件	2015 年 2 月	
《广东省 2015 年度碳排放配额分配实施方案》	规范性文件	2015 年 7 月	
《2015 年广东国家低碳省试点工作要点》	规范性文件	2015 年 7 月	
《广东省碳普惠制试点建设指南》	规范性文件	2015 年 7 月	
《广东省碳普惠制试点工作实施方案》	规范性文件	2015 年 7 月	
《广州碳排放权交易所（中心）碳排放配额交易规则》	机构规则	2015 年 8 月	广州碳排放权交易中心
《广州碳排放权交易所（中心）广东省碳排放配额回购交易业务指引》	机构规则	2015 年 10 月	
《广州碳排放权交易所（中心）广东省碳排放配额抵押登记操作规程（试行）》	机构规则	2015 年 12 月	
《广州碳排放权交易中心碳排放权交易风险控制管理细则》	机构规则	2015 年 12 月	

2．总量与覆盖范围

广东省根据“十二五”控制温室气体排放主要目标，结合国家及广东省产业政策与行业发展规划，综合考虑企业的历史排放水平、行业技术水平及减排潜力等因素，采用自下而上计算和自上而下验证相结合的方法，确定了碳排放配额总量。2013—2015 年度的配额总量分别为 3.88 亿吨、4.08 亿吨、4.08 亿吨（表 3-37），包括控排企业配额、新增配额和调控配额。

表 3-37 配额总量及覆盖企业

时间	控排企业数量	配额总量/亿 t			
		合计	控排企业配额	新增配额	调节配额
2013 年	184	3.88	3.5	0.20	0.18
2014 年	184	4.08	3.7	0.20	0.18
2015 年	186	4.08	3.7	0.20	0.18

广东碳交易体系涵盖了水泥、电力、钢铁、石化四大高耗能行业 2011 年、2012 年任一年排放 2 万吨 CO_2（或能源消费量 1 万吨标准煤）及以上的企业，四大行业碳排放量占广东省碳排放总量的 50%以上。广东对控排企业实施滚动管理，即根据企业每年的碳排放情况调整纳入碳交易范围的企业名单，因此每年纳入碳交易体系的企业数量略有变化。广东还提出项目“碳评”的概念——对项目投产后 CO_2 排放水平进行评估，并据此作为新建项目是否纳入碳交易体系的依据。

3．配额分配与管理

广东省采用有偿和无偿分配相结合的配额分配方式，并根据行业数据基础和生产特点，对控排企业采用基准线法和历史法相结合的配额分配方法。在试点初期（2013 年），电力、水泥行业主要采用基准线法，石化、钢铁行业主要采用历史法，各行业配额分配方法见表 3-38。

表 3-38 广东试点 2013 年各行业配额分配方法

行业		基准法	历史法
电力	纯发电机组	●	
	热电联产机组		●
水泥	熟料生产、粉磨	●	
	白水泥生产、矿山开采、其他粉磨等		●
钢铁	长流程	●	
	短流程及其他		●
石化			●

每一履约周期开始时，广东都会结合上一年度的实际情况对配额管理细则进行调整。与 2013 年相比，广东 2014 年配额分配和管理有以下改变：①改变有偿配额比例及发放方法，并改变拍卖底价设置方式。②优化基准线分配方法并调整配额分配方法。基准线法根据企业实际产量计算配额，

并采用“事前分配+事后调整”的方式分配（表 3-39）。

表 3-39　广东试点配额分配与管理制度变化情况

<table>
<tr><th></th><th>2013 年</th><th>2014 年</th><th>2015 年</th></tr>
<tr><td>有偿配额
发放规则</td><td>有偿配额 3%
强制购买
底价：60 元/t</td><td>电力 5%
自愿购买，阶梯底价：25 元/t，30 元/t，35 元/t，40 元/t；发放 800 万 t</td><td>电力 5%
不设底价，但根据二级市场价格设定政策保留价*，自愿购买；发放 200 万 t</td></tr>
<tr><td>新建项目企业配额购买规则</td><td colspan="2">一级市场购买</td><td>一级市场购买
二级市场购买</td></tr>
<tr><td>燃煤热电联产机组配额核算方法</td><td colspan="2">历史法计算</td><td>基准线法计算</td></tr>
<tr><td>基准线法
核算方法</td><td>配额量=基准线×企业平均历史产量×调整系数</td><td colspan="2">配额量=基准线×企业当年度实际产量×调整系数</td></tr>
<tr><td>配额发放方法</td><td>一次发放</td><td colspan="2">根据上一年的产量事先发放预配额
根据当年的实际产量进行事后调整</td></tr>
</table>

* 政策保留价计算方式：竞价公告日的前三个自然月广东碳市场配额挂牌点选交易加权平均成交价的 80%作为政策保留价。

2015 年配额分配方案又从三个方面进行了调整：①采用设立政策保留价的拍卖方式进行配额竞拍；②新建项目企业可以从二级市场购买配额；③燃煤热电联产机组采用基准线法进行配额核算。

4．测量、报告与核查（MRV）

广东对控排企业的温室气体排放情况实行严格的 MRV 制度，要求企业制订监测计划以作为日常监测和核查的重要依据；编制了碳排放报告通则并针对四大行业特点制定各自的报告细则；开发了企业温室气体排放信息报告与核查系统，采用“电子+纸质”的报送方式。

广东逐步扩大报送碳排放信息企业的范围。试点初期（2013 年）须强制报告碳排放信息的企业为水泥、钢铁、石化、电力四大行业中 2011 年、2012 年任一年排放 1 万吨 CO_2 及以上（或者综合能源消费量大于 5 000 吨标准煤）的企业。2015 年 10 月，广东进一步扩大报送范围，明确将陶瓷、纺织、有色金属、化工、造纸、民航 6 个行业，2014 年排放 2 万吨 CO_2 或年综合能源消费 1 万吨标准煤及以上的 432 家企业也纳入碳排放信息报告范围。据初步测算，扩容后的报告行业的二氧化碳排放量占广东全社会碳排放的 70%以上（表 3-40）。

表 3-40 广东试点 MRV 制度变化情况

	2013 年	2014 年	2015 年
核查机构	指定	推荐名单	招标
报告范围	四大行业 排放 1 万 t CO_2 以上	四大行业 排放 1 万 t CO_2 以上	四大行业 排放 1 万 t CO_2 以上加六个新增行业排放 2 万 t CO_2 以上或年综合能源消费 1 万 t 标准煤以上

2013 年，广东指定了五家机构进行企业碳排放历史数据盘查。2014 年广东修改了核查机构的选取方式，采用“推荐名单制度”推荐了 16 家核查机构进行企业碳排放的核查。2015 年，广东以市场化招投标方式确定了 29 家第三方核查机构具有广东省碳核查资格，有效期三年。2015 年共开展两次核查工作，第一次是 2015 年 3 月，由“推荐名单”中的 16 家机构核查了 2014 履约年度的控排企业碳排放情况；第二次是 2015 年 10 月，由具有广东省碳核查资格的 29 家机构完成了新增 6 个行业（陶瓷、纺织、有色金属、化工、造纸、民航）2012—2014 年历史排放数据盘查工作。

5．履约

广东制定了严格的控排企业履约制度。控排企业需要在每年的 4 月 30 日前提交上一年的碳排放报告和核查报告，排放情况经过主管部门认定后，企业需在 6 月 20 日前上缴足量配额（可用 CCER 抵消 10%的排放量）完成年度履约任务。广东将会通过公告违章、行政罚款、配额扣除、项目限制等方式对未完成履约任务的企业进行处罚，并将企业的履约情况纳入社会征信系统，增加企业的违约成本。

广东于 2014 年 7 月和 2015 年 7 月分别完成了 2013 年度和 2014 年度履约。2013 年度履约率 98.9%，202 家控排单位中有 182 家完成履约，2 家未履约，还有 18 家符合要求转为报告单位，未履约企业已向省发改委缴纳了罚款。2014 年度履约率 100%，183 家控排单位按时完成履约，1 家企业在整改期内完成履约（表 3-41）。

表 3-41　广东试点履约情况

履约时间	履约年度	控排企业数	履约企业数	企业履约率/%	CCER 使用量
2014 年 7 月	2013 年度	184	182	98.9	—
2015 年 7 月	2014 年度	184	184	100	23 万 t

为降低企业的履约成本，广东省规定控排企业可以使用CCER抵消10%的碳排放量。2015 年初，广东省明确了 CCER 的使用规则：来自二氧化碳（CO_2）、甲烷（CH_4）减排项目（这两种温室气体的减排量应占该项目所有温室气体减排量的 50%以上），非水电项目，非使用煤、油和天然气（不含煤层气）等化石能源的发电、供热和余能（含余热、余压、余气）利用项目，非第三类项目，可用于企业履约。在 2014 年度履约中，广东有 4 家企业使用约 23 万吨 CCER 进行抵消履约。

6．交易市场

广东试点逐步完善二级市场碳交易制度：①扩大市场参与者范围。2014 年 3 月，广东碳市场对投资机构开放，同年 7 月对个人开放。2015 年，广东碳市场允许外资机构入市，目前已经有 BP（英国石油公司）等两家外资机构参与广东碳市场。②丰富交易产品。除广东配额和 CCER 外，广东试点还开发了账户透支、配额质押融资等多种交易产品。③修改交易方式。挂牌点选方式调整为只能点选最低价的卖单或最高价的买单，同时按照全天所有成交的加权平均价计算收盘价（表 3-42）。

表 3-42　广东试点交易规则变化情况

年份	2013 年	2014 年	2015 年
参与方	控排企业+投资机构	控排企业+投资机构+个人+外资	
挂牌点选	随意点选任意挂单		点选最低价的卖单或最高价的买单
收盘价	最后十笔的加权平均		全天所有成交加权平均价

从 2013 年 12 月开市至 2015 年 12 月 31 日，广东配额交易共计 2 350.8 万吨，交易额 96 433.5 万元，其中公开交易量 414.7 万吨，公开交易额 10 609.9 万元，协议交易量 420 万吨，协议交易额 8 109.1 万元，拍卖交易量 1 516.1 万吨，拍卖交易额 77 714.5 万元（图 3-25）。

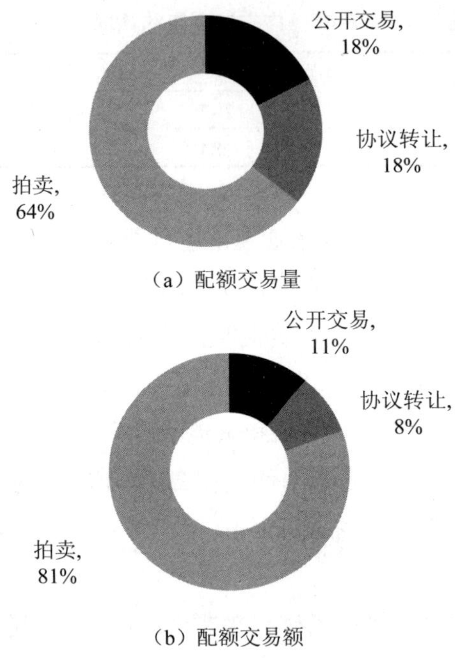

（a）配额交易量

（b）配额交易额

图 3-25　广东 2013—2015 年配额交易情况

2015 年全年二级市场配额交易量 695.7 万吨，交易额 11 399.3 万元，比 2014 年分别增加了 447%和 72%。其中公开交易 307.7 万吨，交易额 5 212.8 万元，较 2014 年分别增加了 224%和 11%；协议转让 388 万吨，协议交易金额为 6 186.4 万元，较 2014 年分别增加了 1 110%和 222%。

2015 年，广东二级市场活跃度明显提高，月交易量超过 10 万吨的月份有 7 个，交易量在 5 万～10 万吨的月份有 1 个，1 万～5 万吨的月份有 3 个，全年交易量同比增长 4.5 倍。与往年不同的是，履约期结束后，广东碳市场并未像上一年度履约期后出现清淡的情况，相反却持续活跃。2015 年 7—9 月，广东二级市场配额公开交易 485.1 万吨，较去年同期增加 555.2%（图 3-26）。造成二级市场活跃的原因是碳金融产品创新带动了二级市场的交易量以及投资机构持续活跃。

2015 年广东省共举行 4 次拍卖，其中 2014 年度配额拍卖两次（3 月、6 月），2015 年度两次（9 月、12 月），共计拍卖成交 133.7 万吨，成交额 3 670.2 万元（表 3-43）。成功竞拍者中电力企业占大多数，其原因是改变配额分配方法后，电力企业面临刚性的履约需求。

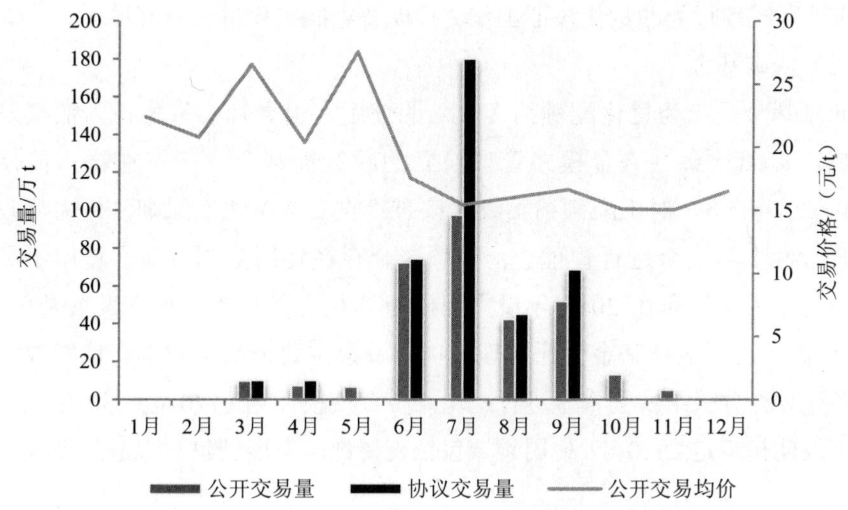

图 3-26　广东 2015 年月度交易情况

表 3-43　广东 2015 年配额拍卖统计

拍卖次数	拍卖时间	成交量/发放量/万 t	成交价格/（元/t）	成交额/万元
2014 年度第三次	2015-03-27	42.2/100	35.00	1 478.60
2014 年度第四次	2015-06-10	31.5/300	40.00	1 258.60
2015 年度第一次	2015-09-21	30/30	16.10	483.00
2015 年度第二次	2015-12-21	30/30	15.00	450.00

7．其他

（1）普惠制建设

2015 年，广东正式启动碳普惠制建设。碳普惠制指在小微企业、社区家庭和个人领域，计算参与方节能减碳行为并给予参与方“碳积分”或“碳币”，采用商业激励（用“碳积分”、“碳币”兑换一定的商品）、政策激励（减免公交费用等）、交易激励（将碳普惠制作为碳排放权交易市场的一种抵消手段）方式的激励机制。

目前，广东省已建立碳普惠制推广平台，正式印发了《广东省开展碳普惠制试点工作实施方案》，开发了碳普惠制减排量核算方法，组织广州、东莞、中山、韶关、河源、惠州六市启动首批试点城市，原则同意了广州等 6 市碳普惠制试点工作实施方案。下一步，试点城市将出台相关配套支持措施、开展试点地区减碳行为的量化核证工作，推动普惠制工作进一步开展。

（2）低碳基金

低碳基金是指为优化配额拍卖收入的使用，引导社会资本投入低碳发展领域，按照社会性基金模式管理设立的政策性基金。广东在试点前期（2013—2014 年），对于配额拍卖收入按照“收支两条线”原则，作为财政中的政策性专项资金进行管理。但专项资金存在使用限制过多、使用不灵活等问题，为此广东在 2015 年设立规模为 6 亿元的广东省低碳发展基金，首期 1 亿元已下达给基金受托管理机构。资金主要来源于配额有偿发放收入，并计划充分吸纳社会资金进行配比，资金规模计划为 20 亿～30 亿元。基金有效期初步定为 10 年，使用领域包括支持低碳发展、股权、以股代债等。

（二）碳市场特点

1．市场化节能降碳机制取得实效，促进形成低碳产业结构

2014 年，钢铁、石化、水泥、电力四大纳入行业的碳排放总量比 2013 年下降 1 231 万吨，降幅 3.69%。其中粗钢、原油加工的单位产品碳排放分别比 2013 年下降 3.02%和 7.24%。同时，碳交易机制促进高排放行业生产结构进一步优化。其中，在发电量下降的背景下，低排放机组发电量下降 4%，而高排放机组下降 8%；水泥低排放生产线产量上升 15%，高排放生产线上升 2%，钢铁长流程企业（效率较高）产量下降 1%，而短流程及其他企业（效率较低）产量下降 6%。

2．尝试多种配额有偿发放模式

广东是唯一坚持采用有偿方式分配初始配额的试点。有偿配额分配加强了企业碳资产有偿使用和管理的意识；同时广东结合试点碳市场进展情况，适时扩大有偿配额发放范围，向投资机构放开配额一级拍卖市场，增强了市场流动性；针对有偿发放过程中出现的企业负担重、成交率低的情况，广东先后尝试了“固定底价、固定比例、强制拍卖”、“阶梯底价、自愿购买”和“政策保留价、完全自由参与”三种不同模式，取得了良好的效果，也为国家有偿分配配额积累了宝贵经验。

3．政策信息公开及时，充分发挥民主参与和监督作用

在试点过程中，部分试点没有公布总量目标或者核查规则，而广东试点的实施方案、管理办法、总量信息、核查规则等相关信息在启动之前就已全部向社会公开；在每一履约期开始前，公布本年度的配额分配方法和政策变动情况；及时公布核查机构名单和任务、违规企业名单等信息，保证了信息的公开性和发布及时性。

同时，广东充分发挥民主参与和监督作用。在政策变动、企业配额分配、MRV标准修订、企业排放报告核查等环节，通过成立配额专家委员会和行业评审技术小组等机构，吸收行业协会、行业专家、企业代表参与碳交易政策制定和修改，专家委员会等机构一方面与管理部门和控排企业进行沟通，另一方面监督相关政策的制定修改，充分发挥行业协会的作用，保证碳交易的顺利实施。

4．配额分配和信息报送注重区域和行业差异

广东省地区发展水平不均衡，在全省21个地级市中，6个属于全国发达水平，13个处于全国平均发展水平之下，部分地区与全国最落后的经济省份相当。与此同时，广东省国民经济行业门类众多，行业间、行业内差异性较大，在利润水平、发展趋势、生产工艺、技术水平、企业规模等方面存在明显的差别。针对这种情况，广东省在配额分配、报告核查等机制设计时予以考虑，通过在设定基准线时考虑各地市和行业实际情况、为不同行业设定不同的免费配额比例、在企业报告数据时设定不同层级等各种方式解决区域、行业差异性大带来的问题。

5．对纳入碳交易体系企业实现省市两级管理

广东省地域广阔，分为珠三角、粤东、粤西和粤北四大地区。控排企业分散在广东21个地级市，空间上的分布分散为省级直接管理控排企业带来了很大困难。针对广东省控排企业分布分散的情况，广东确定了省市两级管理的管理体系，省级发改部门全面负责碳交易工作，地市级发改部门具体负责新建项目碳评估、组织企业碳排放报告工作，抽查排放报告，指导、支持企业配额管理等工作。

6．企业意识和碳管理能力普遍提高

广东试点启动以来，碳配额已经成为企业进行生产决策时重点考虑的因素之一。大多数企业成立了碳资产运行和管理部门，制定了碳交易内部管理流程，出台碳资产规章制度并在财务中预留了专门资金。企业新建项目立项时会考虑碳配额购买，在技术改造和升级时也会将碳纳入成本和投资回报的计算中。通过碳交易的推动，企业已经逐步完善内部碳管理制度。

7．淘汰落后产能，促进优化产业结构

广东试点配额分配主要采取基准线法，基准线法对于淘汰落后产能和技术起到一定促进作用。首批纳入广东碳交易的四个行业中，水泥和钢铁行业是“十二五”淘汰落后产能的重点行业，2014 年广东省淘汰大量落后和过剩产能，其中炼钢 250 万吨，水泥 353 万吨，此外还包括铜冶炼 1.5 万吨，造纸 21 万吨，制革 60 万标张，印染 17 054 万米等①，碳交易对于淘汰落后产能和为产业升级腾出发展空间有积极意义。

8．碳市场流动性仍然较差

2015 年广东省碳市场的流动性虽然比 2014 年有所提高，但从整体上分析依然较低：从开市至 2015 年年底配额交易量虽然超过 2 300 万吨，但其中二级市场交易量仅为 834.7 万吨，占全部交易量的 35.5%，二级市场月均交易量只有 34 万吨。即便是交易相对活跃的 2015 年，全年二级市场交易量也仅占控排企业配额总量的 1.9%左右，说明大量配额并没有入市参与交易。此外，广东碳市场 2015 年有 68 个交易日无配额交易产生，占全部交易日的 27.9%，也说明碳市场的流动性还需提高。流动性差会影响到碳市场的效率和有效性，使得碳市场无法充分发挥发现价格的作用。

9．法律约束力有待加强，有偿收入使用效率需进一步提高

广东省碳交易法律约束力偏弱，与北京、深圳试点在人大层面出台相关的决定或决议相比，广东省碳交易法律层级较低，对未履约企业的约束惩罚力度有限，不利于推进碳市场建设。另外，在配额拍卖有偿收入方面，应将有偿收入专款专用，用于节能降碳领域才能发挥有偿收入的作用。目前广东有偿配额有偿拍卖收入将近 8 亿元，虽然广东省政府也确定了要设立 6 亿元的低碳发展基金，但是直到第三个履约期，也只向基金注入了首批 1 亿元资金，仍有大量的有偿拍卖收入没有用于节能降碳工作，有偿资金的使用效率有待进一步提高。

（三）展望

1．年度配额发放继续偏紧，市场活跃度进一步提高

2015 年广东省扩大了基准线法的使用范围，同时对电力行业等排放大

① 数据来源：《广东省碳排放权交易试点分析报告（2013—2014）》（中山大学）。

户继续采用以实际产量为发放原则的配额核算方法，电力行业在2015年度可能继续出现配额总量偏紧的情况，CCER履约抵消量有可能进一步增加。同时由于广东省积极开展碳金融创新活动，努力扩大市场参与者，加之企业履约的刚性需求，二级市场活跃度有望进一步提高，交易量和交易额存在上涨的空间。

2．碳普惠制、碳金融等金融创新工作持续开展

广东省已启动碳普惠制试点工作，利用有偿配额收入设立低碳基金也开始运转。下一步，广东省将出台落实碳普惠制的配套政策，完善省级碳普惠推广平台，引导和鼓励公众践行低碳生活方式和消费模式，并尽快启动首批碳普惠制试点，发挥试点地区的示范带动作用，推进低碳社会建设。同时，继续完善有偿发放收入专项资金征收管理和碳基金的使用办法，拓宽碳基金的使用范围和渠道，引导和撬动社会资本投入低碳领域。在碳交易法人账户透支、配额托管两个已有业务的基础上，进一步研究开发更多的产品和业务，加快建立碳金融服务体系，积极探索开展碳债券、碳信托、碳资产抵押质押贷款等业务，为实体经济和企业转型提供绿色融资服务。

七、湖北

2014年4月，湖北省启动碳交易试点，覆盖排放量仅次于广东，是中国第二大试点碳市场。湖北省碳交易体系在配额总量设定、分配和管理等机制设计上吸取了其他试点经验，具有鲜明自身特色。湖北省碳交易政策法规公开透明、市场开放，碳配额交易活跃。2015年，湖北省碳市场建设稳中推进，市场运行逐步完善，实现2014年度纳入企业全部履约，控排企业排放水平显著下降。

（一）碳交易体系现状

1．政策法规

湖北省为推进碳市场工作，相继以省政府令形式出台了《湖北省碳排放权交易试点工作实施方案》（以下简称《方案》）和《湖北省碳排放权管理和交易暂行办法》（以下简称《暂行办法》）。2013年2月公布的《方案》明确了碳市场建设的总体思路、主要任务、保障措施和进度安排等方面的工作部署，提出了总量控制与配额分配原则、交易主体范围和交易产品类型，建立了测量、报告与核查（MRV）、交易和注册登记三大支撑平台等。2014 年 3 月公布的《暂行办法》是湖北省碳交易试点的法律基础，制定了试点制度设计的管理机构、总量设定依据、纳入企业门槛、配额分配方案、交易规则、注册登记簿、MRV 体系、遵约与奖惩机制等相关市场要素，涵盖了参与主体的权利和法律责任。2015 年，湖北省结合 2014 年碳市场运行情况，在《方案》和《暂行办法》的基础上发布了一系列政策法规和技术文件（表 3-44）。

表 3-44　2015 年湖北省发布的政策文件

文件名称	文件性质	发布时间	发布机构
《关于公布首批湖北省碳排放核查机构（第一批）名单的通知》	技术文件	2015 年 1 月	湖北省发展改革委
《关于开展碳交易试点企业 2012—2014 年碳排放核查工作的通知》	技术文件	2015 年 3 月	
《2015 年湖北省碳排放权抵消机制有关事项的通知》	政策规定	2015 年 4 月	
《湖北省碳排放配额投放和回购管理办法（试行）》	政策规定	2015 年 9 月	
《湖北省 2015 年碳排放权配额分配方案》	政策规定	2015 年 11 月	
《湖北省碳排放权出让金收支管理暂行办法》	政策规定	2015 年 12 月	湖北省发展改革委 湖北省财政厅
《关于征选碳排放第三方核查机构（第二批）的通知》	技术文件	2015 年 12 月	湖北省发展改革委

2．**总量与覆盖范围**

湖北省配额总量设定采用了“自上而下”的方式，即首先基于社会与经济发展、产业结构调整、节能减排政策等方面的考虑，建立排放总量预测模型。基于 2009—2011 年 GDP 增速、“十二五”期间排放强度下降 17% 的目标和 2020 年前湖北省经济增长趋势预测等因素，设定基本、低碳、强化低碳三种发展情景进行分析，最终选取“低碳情景”计算出 2014 年配额总量。2014 年湖北省碳市场配额总量为 3.24 亿吨，包括年度初始配额、政府预留配额、新增预留配额三部分（表 3-45）。初始配额约 1.93 亿吨，政府预留配额设定为总量的 8%（2 592 万吨），其中，政府预留配额的 30%（约 777 万吨）采取公开竞价方式计划用于碳市场调节；新增预留配额是配额总量除年度初始配额和政府预留配额外的配额，其为新增产能预留了发展空间，符合产业规划和主体功能区规划要求的新增项目或设施将得到足量的碳排放配额。

在覆盖范围方面，湖北碳市场 2014 年覆盖了综合能耗超过 6 万吨标准煤（企业 2010 年和 2011 年任意一年）的 138 家重点排放企业，涉及电力和热力、钢铁、水泥、石化、化工等 12 个行业，总排放量约占到全省化石能源碳排放量的 35%。

表 3-45 2014 年湖北省碳市场配额总量构成 单位：亿 t

配额数量	初始发放	新增预留	政府预留	
			有偿转让	其他
3.24	1.93	1.050 8	0.077 7	0.181 5

2015 年，湖北省碳市场的配额总量制定和覆盖范围选取方法基本沿用之前的政策，但对碳交易要素参数的选取实行动态调整，碳市场规模随年度发生改变。湖北省碳排放配额总量以经济发展和碳排放控制目标为依据，确定了 2015 年配额总量为 2.81 亿吨，较上年有所下降，配额结构仍保持年度初始、政府预留、新增预留三部分。2015 年湖北省已发放企业半数初始配额①，预计在 2016 年一季度补发余下初始配额②。

2015 年湖北省碳交易覆盖企业 167 家，其中，129 家 2014 年度纳入企业继续参与碳市场，2015 年新增重点排放企业 38 家，涉及钢铁、水泥、电力、化纤、造纸等 15 个行业（表 3-46）。相比 2014 年度，2015 年度碳市场新增电力、热力及热电联产③和陶瓷 3 个覆盖行业，行业划分更加精细化。

表 3-46 湖北碳交易市场配额总量与覆盖范围的变化

年份	配额总量	覆盖行业	覆盖企业
2014 年	3.24 亿 t	12 个	138 家
2015 年	2.81 亿 t	15 个	167 家

① 基于 2014 年配额水平发放半数配额，约 1.2 亿吨。

② 限于历史法分配的 12 个行业，标杆法分配的 3 个行业将在核定实际产量后再补足余下配额。

③ 电力、热力及热电联产两行业是由 2014 年度的电力和热力行业细化拆分的。

3．配额分配与管理

湖北省采用免费分配与公开竞价相结合的方式发放配额，核发周期为每年度一次。2014 年，湖北省初始配额发放以免费分配为主，采用历史法和标杆法免费分配企业初始配额，仅在碳市场启动前举行一次 200 万吨配额公开竞价拍卖，对于覆盖的非电力行业企业采用历史法，电力行业采用半数历史法和半数标杆法的原则分配。

在配额管理方式上，湖北省针对企业产量变化情况，对已发放配额进行追加或收缴。企业因新增设施和产能变化导致当年排放量超过或低于初始配额的 20%或 20 万吨时，主管部门经核实后免费为企业追加或收缴排放相应的配额。对于企业合并、分立和解散的情况，主管部门对企业边界、配额持有量的变化做出相应规定，明确了企业配额继承或注销的条件。

2015 年，湖北省碳市场的配额发放原则基本沿用了 2014 年的方案，但对具体配额核定和发放方式进行了微调。根据最新配额分配方案，湖北省对核定企业年度初始配额的系数做出调整，由总量调整系数变为行业控排系数（依据各行业减排潜力、行业竞争力等因素测算）和市场调节因子（2014 年度履约后的配额存量测算）；在以历史法发放配额的行业，基于对核定企业配额量更加精确的考虑，将历史基准年选取由 2009—2011 年改为临近的 2012—2014 年；以标杆法发放配额的行业进一步扩大，2015 年增加至水泥、电力和热力及热电联产三个行业，相比 2014 年[①]新增两个行业。此外，湖北省为提高市场活跃度，在配额发放上进行创新，将 2016 年的部分配额（2015 年初始配额的 10%）提前发放，并规定该部分配额只可用于交易，不能用于 2015 年度履约（表 3-47）。

表 3-47　湖北碳交易市场配额分配与管理的变化

年份	配额核定基准年	历史法（行业数）	标杆法（行业数）	初始配额发放结构
2014 年	2009—2011	11	1 个	2014 年配额
2015 年	2012—2014	12	3 个	2015 年配额和 2016 年部分配额

① 2014 年采用标杆法发放配额的行业为电力和热力行业。

4．测量、报告与核查（MRV）

在 MRV 方面，湖北省相继出台了《湖北省工业企业温室气体排放监测、量化和报告指南》（试行）及 12 个行业企业温室气体排放量化指南，《湖北省温室气体排放核查指南》《湖北省第三方核查机构管理办法》等规范性文件，规定了纳入企业应履行碳排放监测和报告义务，配合相关部门和第三方核查机构实施碳排放核查工作，规定了各项工作的流程和周期。2014 年，第三方核查机构对全省年能耗 6 万吨标准煤以上的 153 家企业 2009—2011 年三年的历史排放数据进行了核查，最终确定纳入碳交易的企业 138 家。中国质量认证中心、中国船级社质量认证公司、国网电力科学研究院 3 家机构成为首批企业碳排放核查机构。

2015 年，湖北省企业排放量核查和数据采集工作继续推进，企业覆盖数量和历史排放年度有所更新。2015 年核查重点排放单位 184 家，最终确定纳入企业 167 家；核查排放数据的工作量有所增加，核查机构将 2012—2014 年历史排放数据做了核查，排放数据体系较 2014 年更加完整。此外，湖北省还计划扩大核查机构数量，12 月公布了第二批第三方核查机构的遴选通知。

5．履约

根据《暂行办法》规定，2014 年度的履约截止期为 2015 年 6 月底。2014 年 3 月，湖北省发放了企业 2014 年初始配额；2015 年 4 月第三方核查机构提交企业碳排放核查报告后，主管部门发放控排企业上年度新增设施配额和调整配额；控排企业应于 2015 年 6 月向注册系统所开设的履约账户上缴与其在本年度经核查的排放总量相等的配额；企业未经交易的配额不得续存到下一年使用；主管部门应于 2015 年 7 月注销企业上缴配额、企业未交易的剩余配额、政府预留剩余配额等。对于违反履约规定的企业，湖北制定了严格的惩罚措施，分经济处罚、配额扣发和行政处罚三类（表 3-48）。

2015 年 7 月，湖北省完成了 2014 年度履约工作，控排企业履约率 100%。鉴于履约工作初次开展，受企业对履约流程理解存在不足、核查机构对排放量核查期较长等不利因素影响，控排企业的履约交易期被压缩，导致个别企业在规定期限内履约难度较大。因此，湖北省发改委在履约期临近时发布了《关于做好 2014 年度企业碳排放履约工作的通知》，将延长履约期限至 7 月 10 日。最终，111 家企业在既定期限 7 月 10 日前完成履约，27 家企业在之后的履约整改期 7 月 24 日前完成了配额清缴工作，控排企业全部完成履约。

表 3-48　湖北省碳排放权交易管理的法律责任

处罚对象	罚款数额和行政处罚	配额扣发和行政处罚
1. 未完成履约企业	按配额市场均价，对差额部分处以 1～3 倍罚款，最高不超 15 万元	在下一年度配额分配中双倍扣除
2. 未提交监测计划和报告的企业	警告通报，严重者处以 1 万～3 万元罚款	—
3. 拒绝接受核查的企业	—	警告通报，逾期未改者，处以对下一年度配额减半发放的处罚
4. 扰乱市场秩序的交易主体或交易机构	没收违法所得（若有），处以最高不超过 15 万元罚款	—

在 2014 年度履约过程中，可使用 CCER 的抵消比例最高为 10%。湖北省对企业使用 CCER 做出规定，要求用于抵消的 CCER 必须产生自湖北省行政区域内，年度使用量不得高于 5 万吨，且禁止使用大中型水电项目产生的 CCER。由于湖北省 CCER 抵消规则限制条件较多、CCER 使用门槛较高，因此符合条件的 CCER 供给不足，其实际发挥的补充作用有限。因此，湖北省创新 CCER 使用机制，制定了"预签发 CCER"规则以解决控排企业对于 CCER 的市场需求。湖北省规定"预签发的 CCER"是指那些项目已在国家发展改革委备案，已备案减排量 100%可用于抵消，并于 2016 年 4 月 30 日前在国家登记簿中予以注销的减排量。

6．交易市场

自碳市场启动以来，湖北省市场建设不断完善、制度创新优势不断显现，碳市场配额累计成交量突破 2 000 万吨，累计交易额超过 5 亿元，二级市场交易量、交易额和日均成交量均居全国首位。截至 2015 年 12 月 31 日，湖北碳市场配额累计交易量 2 495 万吨，其中，公开竞价 200 万吨、二级市场公开交易 2 091 万吨、协议转让 205 万吨，交易总额 5 亿元，占全国的 39%；日均交易量为 6.8 万吨，日均成交价格 23.97 元/吨（图 3-27）。

2015 年，湖北碳市场运行继续呈现平稳、流动性强的特点，市场总交易量、总交易额和日均交易量等指标表现突出。全年配额交易量 1 475.2 万吨二氧化碳（含协议转让 85 万吨二氧化碳），交易额 3.66 亿元；二级市场中完成公开交易 1 390 万吨，占全国的 42.8%，湖北碳市场全年交易额 1.3 亿元，二级市场日均交易量 5.8 万吨，均居全国首位。

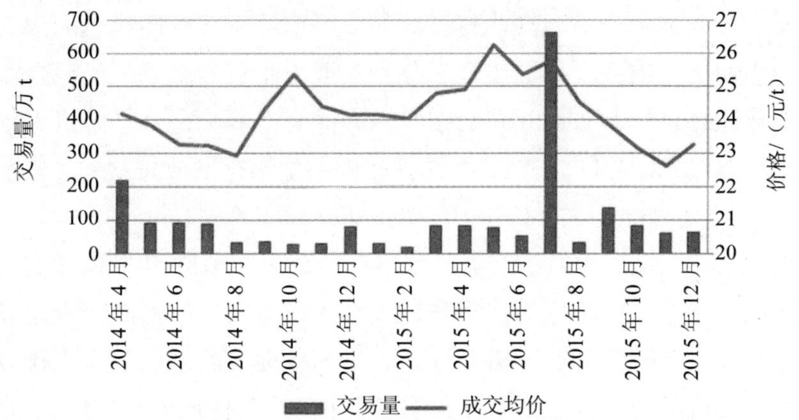

图 3-27　湖北碳市场配额公开交易情况

（2014 年 4 月—2015 年 12 月）

数据来源：湖北碳排放权交易中心。

2015 年湖北省碳市场配额成交价格平稳，基本分布在 22～27 元/吨区间（图 3-28）。进入 6 月履约临近期，在连续多日刷新全国碳市场单日成交量最高纪录的同时，市场价格始终稳定在 23～25 元/吨，未出现履约临近期价格大幅波动的情况。此外，活跃的市场加上开放透明的准入政策吸引了大量投资机构和个人入市，2015 年投资者开户 5 646 个，投资机构和个人参与的交易占二级市场交易总量的 60%～70%。

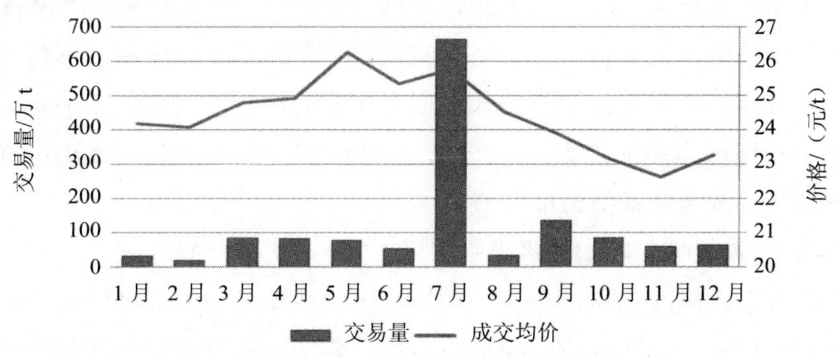

图 3-28　湖北省碳市场 2015 年配额交易情况

数据来源：湖北省碳排放权交易中心。

7．其他

2015 年，湖北省为服务控排企业履约、拓宽企业减排融资通道，尝试推出了多种碳金融产品。湖北省良好的二级市场流动性凸显了配额的金融属性，进而衍生出多样化的碳金融品种，可为企业带来额外的现金流用于支撑企业减排。湖北省已开发的碳金融产品有：募集公众资金投入碳市场的“碳基金”、以碳排放配额作为质押担保并由银行发放贷款的“碳配额质押贷款”、众筹资金开发 CCER 项目的“碳众筹”等。

湖北省与周边省份持续开展区域碳市场合作。2015 年，湖北省与中部省份多次以举办“中部区域碳市场建设合作研讨会”的形式研究建设中部区域碳市场，针对广西、安徽、江西、贵州等地发改系统和重点排放企业开展培训交流活动，通过交流与合作带动中部及其他地区碳市场能力建设。

（二）碳市场特点

1．形成配额成交价格均衡、高流动性的市场

2015 年，湖北省配额交易二级市场运行稳定、交易活跃，价格均衡且配额流动性较强。湖北市场交易活跃度高，市场机制促进经济低碳转型、控制温室气体排放的效果逐步显现，不仅有利于企业提前锁定减排成本、降低履约成本，还有利于市场初期吸引投资者入市、提高银行等金融机构参与的积极性。湖北省形成了交易活跃、碳价稳定的特色碳市场，主要得益于政策设计和市场开放：首先市场启动前碳交易主管部门以 20 元/吨价格公开拍卖 200 万吨政府预留配额，允许机构投资者及企业参与竞拍，有效解决了市场初期流动性差的问题，并形成了初期市场价格预期；其次，湖北省规定履约时企业持有的未经交易的剩余配额将予以注销，不得续存到下一年使用，有效提高了企业入市交易配额的主动性；最后，湖北省大幅降低了投资机构和个人的开户门槛，使投资资金在政府和交易机构有效监管下最大限度地活跃交易市场。

2．多重政策保障配额供求平衡

湖北省在碳交易机制设计上制定了多种政策，使二级市场配额供求平衡得到保障，提高了配额分配的公平性，避免配额过量盈余或紧缺冲击市场供求关系。湖北碳交易体系设计在保障企业和市场配额均衡方面相比其他试点有两大特色：①履约期结束时企业未交易过的剩余配额将予以注销，

不得续存到下一年度。该规定引导企业在配额注销或出售获益两者之间选择，可有效提高控排企业入市交易的积极性；②控排企业年度碳排放量与初始配额相差20%以上或者20万吨以上的，主管部门对差额部分予以追加或收缴。企业排放超出配额达到“双二十”门槛部分可申请追加配额意味着履约成本被限定在“双二十”的配额价值内，从而减轻了配额缺口大的企业的履约压力。同时企业从二级市场中出售配额获利的金额也被限定在“双二十”的配额价值内，从而调节配额富余企业获利空间。这些政策可让控排企业负担有限的履约成本，提高控排企业参与碳市场的积极性。

3．少数行业配额出现盈缺

湖北省多数行业控排企业2014年配额总量相比排放水平基本持平，但个别行业出现配额盈余或短缺。其中，电力行业配额出现富余，2014年湖北水量充盈、水力发电效益好，燃煤电厂的发电上网空间受到挤压，使得实际排放量下降明显。水泥和化工行业企业配额出现缺口，水泥行业及个别化工企业由于“十一五”末期节能减排要求对生产经营产生影响，基于这些年份发放的配额较紧缺。2014年纳入碳交易体系的水泥行业共30余家企业，其中约半数存在配额短缺的情况，在二级市场累计花费近千万元购买配额。

4．控排企业排放强度下降，碳市场促进行业减排效果初显

自湖北省实施碳排放权交易试点以来，纳入重点排放企业实现了排放量及排放强度的“双降”。考虑到新常态下产业结构调整及国际国内经济环境变化等不利因素的影响，企业减排效果评估难度增大，但碳市场在行业减排中发挥的作用初步显现。根据湖北碳排放权交易中心数据，2014年湖北138家企业排放总量为2.36亿吨二氧化碳，比上年减少排放767万吨，下降率3.14%。其中，81家企业实现了排放量同比降低，26家企业排放增长率同比下降18.71%。在行业层面，九个行业实现减排，排放下降最显著的为电力和钢铁行业。

5．区域经济发展差异大，协调碳交易难度增加

湖北省地区间经济结构迥异、经济发展水平差异较大，协调好经济发展与碳市场的关系至关重要。以2014年人均GDP为例，湖北省排名最高的武汉市约10万元/人，最低的恩施市不足2万元/人，两者相差悬殊。经济发展的不平衡导致地区间存在差异性，经济欠发达地区中被纳入碳市场的支柱性企业，往往社会责任重大，为增加当地就业和税收作出了重要贡献，但碳交易意识和碳配额管理能力存在一定不足。碳排放权交易市场作为节能减排的工具，也应是调节产业结构和弥补地区间差异的手段；应通过地区和行业政策的优化，使碳市场资金由发达地区向不发达地区倾斜，形成发展与减排的良性循环。

6．宏观经济对碳市场发展阻力加大

湖北省正处于快速工业化和城镇化过程中，高能耗、高排放企业在产业结构中比重大，低碳转型任务艰巨，平衡地方经济发展与碳市场建设关系仍面临挑战。2015 年以来整体经济下行压力逐步加大，重化工业产能过剩，对湖北省冲击较为显著。企业面临生产经营困境，主管部门开展节能减排工作阻力逐渐加大，协调碳交易工作的难度提升。湖北省应对碳交易覆盖企业进一步加大产业升级指导和提升财政扶持力度，化解碳交易倒逼形成的节能减排压力，强化碳交易体系对经济结构调整的作用。

（三）展望

根据 2015 年 9 月《中美气候变化联合声明》，中国碳市场将于 2017 年启动。湖北省在 2013 年发布的《碳交易试点工作实施方案》中明确试点运行期为 2013—2015 年，而 2016 年是试点到全国过渡的承上启下之年。湖北试点碳交易体系设计与全国方案存在差异，直接与全国市场衔接难度较大，地方配额与全国配额间难以直接转换。湖北省与全国碳市场衔接是未来工作的重点，湖北碳市场在试点期结束后仍将延续，计划在 2017 年完成 2016 年度履约工作后向全国碳市场过渡。

据已公布的全国碳交易设计方案，湖北省试点过渡的工作量巨大。一方面，全国碳市场企业纳入门槛将是 1 万吨标准煤，湖北省规定的碳市场纳入门槛则是 6 万吨标准煤，门槛的降低预计将使湖北碳市场现有 167 家控排企业的规模翻倍。另一方面，湖北省试点阶段覆盖的 12 个行业与全国实行的“6+1”行业差异明显。2016 年湖北省发展改革委需同时面临参加试点交易和全国交易企业的相关工作。因此，湖北省碳交易的组织协调、能力建设、数据核查等工作量将加倍，在资金有限、时间紧迫的条件下，工作任务艰巨。

湖北省配额续存与转换、核算方法差异、试点结束后安排等问题，需要在2016年与国家进行进一步沟通和协调。湖北省将继续调动各部门间协调配合，研究制定试点过渡期的工作安排，积极申请各项财政支持资金，探索各类资本进入碳交易市场建设的可行性，配合全国碳市场建设进度和各项配套政策的出台。

八、深圳

2013年6月18日深圳碳交易试点正式启动上线交易，是我国七个碳排放权交易试点中启动最早和运营时间最长的，至2015年年底深圳已完成两个年度履约工作。作为规模最小的试点，深圳市因地制宜、大胆创新，为其他碳排放权交易试点和全国碳排放权交易体系的建立提供了有益经验和借鉴。

（一）碳交易体系现状

1．政策法规

法律法规建设是开展碳交易试点工作的基础和重要保障。深圳市碳排放权交易已经形成了由地方性法规、政府规章、政府部门规范性文件和标准化文件、交易所交易规则等配套文件组成的较为全面、完善的碳交易政策法规体系。

深圳借助经济特区立法权的优势，在2012年10月由特区人大通过了《深圳经济特区碳排放管理若干规定》，成为国内首部确立碳排放权交易的地方法规。该规定对深圳的碳交易试点工作做了纲领性和概括性规定，为深圳碳交易市场合法、有效、迅速地运行提供了重要保障。2014年3月，深圳市政府审议通过了《深圳市碳排放权交易管理暂行办法》(以下简称《管理办法》)，细化和明确了深圳试点总量控制管理制度、配额管理制度、碳排放报告制度、抵消制度、工业增加值核算制度以及惩罚和监管制度。在人大规定和管理办法的基础上，深圳市发展改革委、深圳市市场监督管理局、深圳市排放权交易所等单位先后在温室气体测量、报告与核查(MRV)，核查机构管理，交易规则等方面出台了相应的配套文件（表3-49)。

表 3-49　深圳市碳排放权交易试点概况

主要要素	具体内容
启动	2013 年 6 月 18 日
立法	《深圳经济特区碳排放管理若干规定》（2012 年 10 月）；《深圳市碳排放权交易管理暂行办法》（2014 年 3 月）
纳入门槛	工业行业：3 000 t CO_2；大型公共建筑和国家机关办公建筑：10 000 m^2
行业类型	涉及能源生产、加工转换行业和工业（制造）的 26 个行业和公共建筑
企业	636 家企业（2014 年，比上年增加一家）+197 栋大型公共建筑，占深圳市 40%的碳排放
温室气体	二氧化碳
总量及目标	2013—2015 年的排放总量约为 1 亿 t（2013 年和 2014 年每年 3 300 多万 t CO_2；2015 年 3 400 多万 t），主要目标是限制控排企业的排放总量，以实现 2015 年年底在 2010 年的基础上将控排企业的碳强度降低 25%的目标
分配方法	逐年分配；免费发放+拍卖（2013 年 6 月 6 日曾拍卖 7.5 万 t，2014 年无） • 制造业：竞争性博弈法 • 供水、电力生产和燃气行业：基准值法 • 建筑业：基准线法
履约周期	年度报告：3 月 31 日（电子+书面报送） 核查报告：4 月 30 日 统计核查报告：5 月 10 日（经市统计部门核定） 配额调整：5 月 20 日 履约日：6 月 30 日
MRV 规范	• 核算和报告指南（《组织的温室气体排放量化和报告规范及指南》，2012 年 11 月）； • 核查指南（《组织的温室气体排放核查规范及指南》，2012 月 11 月）； • 对建筑物和交通的核算方法和报告的特殊要求（《建筑物温室气体排放的量化和报告规范及指南》《建筑物温室气体的核查规范及指南》，2013 年 4 月；《公交、出租车企业温室气体排放量化和报告规范及指南》，2015 年 5 月） • 第三方核查机构管理办法（《深圳市碳排放权交易核查机构及核查员管理暂行办法》，2014 年 5 月）
核查机构及人员	双备案制，累计备案 28 家核查机构，630 名核查员（截至 2015 年度）
惩罚机制	• 未在规定时间内提交足额配额或者核证自愿减排量履约的，由主管部门责令限期补交与超额排放量相等的配额； • 逾期未补交的，由主管部门从其登记账户中强制扣除，不足部分由主管部门从其下一年度配额中直接扣除，并处超额排放量乘以履约当月之前连续六个月碳排放权交易市场配额平均价格 3 倍的罚款； • 主管部门将管控单位的信用信息提供给企业信用信息管理机构，并通过碳排放权交易公共服务平台网站、政府网站或者新闻媒体向社会公

主要要素	具体内容
惩罚机制	布；相关职能部门取消管控单位正在享受的所有财政资金资助，五年内不得批准管控单位取得本市任何财政资助；管控单位为市、区国有企业的，主管部门将管控单位的违规行为通报市、区国资监管机构。相关国资监管机构应当将碳排放控制责任纳入国有企业绩效考核评价体系
CCER 抵扣要求	比例限制：10%；时间限制：无 项目类型限制：可再生能源和新能源、清洁交通减排；海洋固碳减排、林业碳汇、农业减排项目 地域限制：广东省内的梅州、河源、湛江、汕尾等地区，新疆、西藏、青海、宁夏、内蒙古、甘肃、陕西、安徽、江西、湖南、四川、贵州、广西、云南、福建、海南等省区，和本市签署碳交易区域战略合作协议的其他省份或者地区

2015 年深圳碳交易试点工作基本沿用了上一年度政策法规体系和相关规范性文件，仅对部分规范性文件进行了完善和微调（表 3-50）。此外，为加强碳排放管控力度、扩大管控范围，深圳市发展改革委和市法制办于 2015 年 1 月联合发布了《深圳经济特区碳排放管理若干规定（修订草案）》（征求意见稿），计划将公共汽车、出租车等移动排放源纳入碳市场，为将交通行业纳入其碳交易体系做准备。同年 5 月，深圳市市场监督管理局发布了《公交、出租车企业温室气体排放量化和报告规范及指南》（以下简称《指南》），深圳市行政区域内的公交车和出租车营运企业将按照《指南》中规定的方法进行二氧化碳排放的量化和报告。但该修订案在 2015 年最终未公布实施，只进行了摸底和报告工作，未正式将公共汽车、出租车纳入管控范围。

随着自愿减排交易体系的不断完善，2015 年国家核证自愿减排量（CCER）正式进入市场。针对可以使用 CCER 进行履约抵消的情况，深圳试点管理办法中规定了 CCER 可用于管控企业的履约，管控企业可应用抵消比例不高于年度碳排放量的 10%。2015 年 6 月，深圳市发展改革委发布了《深圳市碳排放权交易市场抵消信用管理规定（暂行）》，进一步对可用于深圳试点 2014 年度履约的 CCER 项目类型和地域做了明确规定和具体要求（表 3-49）。

表 3-50　深圳试点 2015 年发布的主要政策文件

文件名称	文件性质	发布时间	发布机构
《深圳经济特区碳排放管理若干规定（修订草案）》（征求意见稿）	地方法规	2015 年 1 月	深圳市发展改革委 深圳市政府法制办
《公交、出租车企业温室气体排放量化和报告规范及指南》	地方标准	2015 年 5 月	深圳市市场监督管理局
《深圳市碳排放权交易市场抵消信用管理规定（暂行）》	政府规章	2015 年 6 月	深圳市发展改革委
《深圳排放权交易所核证自愿减排量（CCER）项目挂牌上市细则（暂行）》	交易所规范性文件	2015 年 6 月	深圳排放权交易所

2．总量与覆盖范围

在碳排放总量控制目标设置上，深圳根据自身产业结构特点和碳排放实际情况，开创了碳总量和强度双重控制模式。即一方面根据经济发展情况为纳入碳交易体系的管控单位设置碳排放总量；另一方面根据管控单位及其行业的历史碳排放强度为每个行业和管控单位设定碳排放强度目标，并根据实际生产情况对每个管控单位的配额进行调整，同时规定配额调整中的新增配额不超过扣减配额，保证碳排放总量不会因为配额调整而被突破。

深圳碳排放权交易体系 2013—2015 年的排放总量约为 1 亿吨，2013 年和 2014 年每年 3 300 多万吨 CO_2，2015 年 3 400 多万吨（其中 2013 年预分配配额进行调整后，深圳 2013 年实际确认配额数量约为 3 000 万吨）。

深圳碳交易纳入范围涵盖本市行政区域内年排放量超出 3 000 吨二氧化碳当量的企业、大型公共建筑及 1 万米 ^{2} 以上的国家机关办公建筑、市政府指定的以及自愿参加的其他碳排放单位。覆盖的温室气体种类只包括二氧化碳。

2013 年度首个履约期内，共有 635 家工业企业和 197 栋大型公共建筑被纳入管控范围。635 家企业 2009—2011 年平均碳排放量 3 177 万吨，197 栋大型公共建筑年均碳排放量为 155 万吨，纳入的工业和建筑碳排放合计占全市碳排放总量的 40%。计划到 2015 年年底在 2010 年的基础上将控排企业的碳强度降低 25%。覆盖的行业包括能源行业（主要是发电行业）、供水行业、大型公共建筑和制造业。

2014—2015 年第二个履约期内，覆盖行业和企业范围没有变化，管控企业数量由于企业拆分比上一年度增加了 1 家变为 636 家，公共建筑数量没有变化，仍然只进行碳排放数据的报告，未要求进行履约。

3．配额分配与管理

（1）配额分配方式

深圳的配额分配方式包括免费分配和有偿分配两种。免费分配的配额包括预分配配额、新进入者储备配额和调整分配的配额。有偿分配可以采用拍卖或者固定价格出售的方式。

（2）预分配配额分配方法

在配额分配方法上，根据管控单位的行业和排放特点，深圳对管控企业分别采用基准线法和竞争性博弈的方法，针对单一产品部门，包括电力、供水和燃气企业实行基准值配额分配方法，按照企业所处行业基准碳排放强度和期望产量等因素确定。

（3）制造业企业的竞争性博弈

竞争性博弈法是针对制造企业的生产技术、工艺流程、主要耗能装置、碳排放活动等差异大、碳信息不足等特点，创新性设计出来的配额分配方法，是深圳试点的一大特色。该方法将行业大类中的企业按产品类型、规模类型区分组别，政府对不同级别的企业先行根据对子行业的碳强度目标设定配额数量上限，再要求同一组别的企业通过博弈软件同时上报 2013—2015 年度排放量及工业增加值目标，由博弈软件进行初始分配，企业可对结果不接受；如不接受，则按照相同程序进行多轮上报与再分配，直至企业不再改变上报的碳排放量和增加值为止。在每次上报和分配时博弈软件将公开同一组别信息供企业参考，使得同一组别分配情况可有效传递到每个企业，企业最终接受的碳排放量和工业增加值再计算的碳强度即为该企业目标碳强度。

（4）可规则性调整的配额调控调整

为了减轻经济波动导致配额分配出现过多或过少的情况，深圳采用了可规则性调整的配额后期调整策略。具体操作方式为：主管部门根据管控单位上一年度的实际产量（单一产品部门）或者工业增加值（制造业企业），确定管控企业上一年度的实际配额，然后对照管理单位上一年度预分配的配额数量，相应进行追加或者扣减。为了保证配额总量不因为配额调整而超出，规定配额调整时追加配额的总量不得超过当年扣减的配额总量。

配额调整根据企业提交的碳排放报告和核查报告进行，一般在每年 5 月 20 日前完成（图 3-29）。

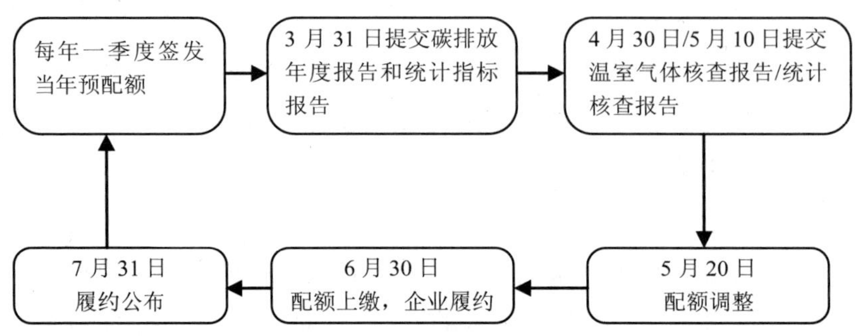

图 3-29　深圳碳排放权交易履约周期图

（5）配额管理

深圳碳排放交易试点的首个交易期为 2013—2015 年，履约期为每个自然年。配额按照交易期分配，按照履约期签发和履约。同一交易期内，上一年度的配额可以结转至后续年度使用。后续年度签发的配额不能用来履行前一年度的配额履约义务。

4．测量、报告与核查（MRV）

深圳市先后发布了《深圳市组织温室气体的量化和报告指南》《深圳市组织温室气体排放的核查规范及指南》《建筑物温室气体排放的量化和报告规范指南》《建筑物温室气体排放的核查规范及指南》《公交、出租车企业温室气体排放量化和报告规范及指南》以及《深圳市碳排放权交易核查机构及核查员管理暂行办法》，已经初步建立了有特色的测量、报告与核查制度。

2015 年 5 月深圳市市场监督管理局发布的《公交、出租车企业温室气体排放量化和报告规范及指南》（以下简称《指南》），要求自 2015 年 6 月 1 日起，深圳市行政区域内的公交车和出租车营运企业将按照《指南》中规定的方法进行二氧化碳排放的量化和报告。通过规范的量化方法和报告程序，能够确保公交、出租车企业温室气体排放数据的一致性和准确性，为深圳市交通运输业开展碳排放权交易提供技术依据。

（1）测量、报告制度

深圳的测量、报告与核查制度，结合了当地实际情况和企业发展特征，在确保质量、规范化和客观公正的基础上，考虑了可操作性和易用性。鉴于深圳受控企业涉及行业广、种类丰富，中小型制造企业数量多，生产波动性大，排放以间接排放为主的主要特点，在所发布的指南中规定了组织温室气体量化和报告的原则与要求，未出台针对特定行业碳排放的核算方法，也不要求企业编制排放监测计划。在核算方法方面，深圳企业主要采用排放因子法和物料平衡法计算企业碳排放。

温室气体报告方面，深圳规定年碳排放总量达到 1 000 吨二氧化碳当量以上的企事业单位；建筑物面积达到 10 000 米 ^{2} 以上的大型公共建筑物和国家机关办公建筑物；自愿加入并经主管部门批准纳入碳排放控制管理的企事业单位或者建筑物等都需要向主管部门报告企业的排放情况。与其他试点相比，深圳是报告门槛最低的地区。

报送层次方面，深圳规定统一以企业层级进行报送。报送内容方面，管控单位除了需要提交年度碳排放报告外，工业企业还需要提交工业增加值等相关统计指标数据报告。报送频率方面，碳排放报告采用“季报+年报”的形式，统计指标数据采用年度报送的形式。报送方式方面，深圳市开发了温室气体排放信息管理系统，实现了电子报送和纸质报送的同步提交。

（2）核查制度

深圳市是第一个完成企业历史排放数据核查的试点省市。2013 年 3 月，深圳市就已完成管控单位 2009—2011 年历史碳排放数据核查工作，为配额分配和总量设置奠定了良好基础。

与部分试点地区采用政府委托核查机构的方式相比，深圳市碳排放交易中第三方核查更具市场化特征。在企业选择核查机构时，采用市场化模式让企业自主选择核查机构，通过市场议价的方式确定核查机构的核查费用，积极发挥市场的价格发现功能。

（3）主管部门及职责

深圳市市场监督管理局和住房建设局为第三方核查机构和人员的认证管理机构。市场监督管理部门负责制定工业行业温室气体排放核算、报告和核查标准，组织对纳入交易体系的工业行业碳排放单位的碳排放量进行核查，并对工业行业碳核查机构和核查人员进行监督管理。住房建设局负责对建筑物碳核查机构和人员的监督管理。

深圳市发展改革委对第三方核查机构的核查结果进行监督，发现违法违规行为有权依据法律规定进行处罚，并通知认证管理机构从备案名单中予以除名。深圳市发展改革委同时管理温室气体排放信息管理系统，对管控单位的排放报告和核查报告进行检查。

为加强对深圳市碳排放权交易核查机构及核查员的监督管理，规范碳排放核查活动，深圳市市场监督管理局和深圳市发展改革委在 2014 年 5 月发布了《深圳市碳排放权交易核查机构及核查员管理暂行办法》，要求对核查机构和核查员同时进行备案，明确了核查机构和核查人员的行为规范，以及监督管理措施。截至 2015 年年底，深圳已经备案了 28 家核查机构，630 名核查员。

5．履约

2015 年 7 月 1 日，深圳碳排放权交易试点第二个履约期正式结束，636 家管控单位（相比去年 635 家增加了 1 家，是由于其中 1 家企业拆分为了 2 家），仅有 2 家未能按时履约，履约率达 99.7%。按照上一个履约期的处理经验，上述两家未履约单位即使在法定催缴期内缴纳了足够配额免于 3 倍罚款的处罚，也会被予以失信曝光和 5 年内不得享受深圳市任何财政资助。与第一个履约期相比，深圳试点 2014 年度履约率进一步提高（表 3-51）。

表 3-51　深圳碳交易试点 2013 年度和 2014 年度履约情况

年度	管控单位数	按时履约	未履约	履约率/%
2013 年	635	631	4	99.4
2014 年	636	634	2	99.7

随着自愿减排交易体系的不断完善和国家自愿减排注册登记系统的正式上线，2015 年中国核证自愿减排量正式进入市场。深圳市规定管控企业 CCER 可应用抵消比例不高于年度碳排放量的 10%。虽然深圳市对项目类型和产地有一定要求，但由于 CCER 价格远低于深圳碳排放配额价格，CCER 入市明显减轻了管控企业的履约压力。根据相关统计，共有 40 家深圳试点管控企业在 2014 年度履约中使用了约 82 万吨 CCER，企业数量和 CCER 使用量均为七个碳交易试点中最多。

6．交易市场

深圳碳交易主体为管控单位、投资机构和个人投资者。交易场所为深圳排放权交易所，交易品种为深圳碳排放配额（简称 SZA，配额逐年发放，包括 SZA-2013、SZA-2014、SZA-2015）和 CCER。

（1）拍卖

2013—2015 年深圳碳交易试点主要采用无偿分配的方式。在首个履约期，为帮助管控单位履约，深圳排放权交易所根据主管部门的决定安排，于2014年6月6日组织了深圳碳市场第一次配额拍卖活动。拍卖标的为2013年度深圳碳排放配额（SZA-2013），拍卖数量为 20 万吨，拍卖底价为每吨 35.43 元人民币，是当时市场价的一半。但当时多数管控单位对此次拍卖未足够重视，符合要求的 200 多家管控单位中仅 94 家管控单位参与了此次拍卖，成交量 7.4 974 万吨，占拍卖总量的 37.49%，总成交额约 265 万元。2015 年深圳碳交易试点未进行配额拍卖。

（2）二级配额市场

深圳自启动碳交易以来，配额市场交易一直比较活跃，在试点中位居前列。截至 2015 年 12 月 31 日，深圳试点碳市场配额累计总交易量约 653.77 万吨，总交易额约 2.99 亿元。交易量和交易金额在七个碳交易试点中分别位居第三位和第二位。

在 2013 年碳市场建立初期，交易量低但交易价格波动非常大，由于部分投资机构和个人炒作，配额价格一度高达 130 元/吨，此后再无试点地区突破该价格。2013 年度履约期末，有配额缺口的企业和有富裕配额的企业纷纷参与交易，交易量猛增，由于市场配额供需基本持平，交易价格没有出现大的波动。2013 年度履约期内 SZA-2013 总交易量为 157 万吨，总交易额 1.09 亿元。

2014 年度，由于企业配额略有宽松，并且受 CCER 入市冲击，配额价格下降明显，最低时降至 21 元/吨。2014 年年底到 2015 年上半年期间，交易配额量、交易价格呈现相对平稳态势，和 2014 年上半年相比更为平缓，未出现上一年度的“集中交易期”。这表明许多管控单位表现出相当的成熟度，已经总结经验并吸取上一年度履约教训，调整履约策略提早为履约进行准备。在 2014 年度履约期内，SZA-2013 和 SZA-2014 合计交易量 255 万吨，总交易额 0.96 亿元。相比 2013 年度交易量大幅增加，但由于价格的下降，总交易额基本相当。深圳配额交易情况如图 3-30 所示。

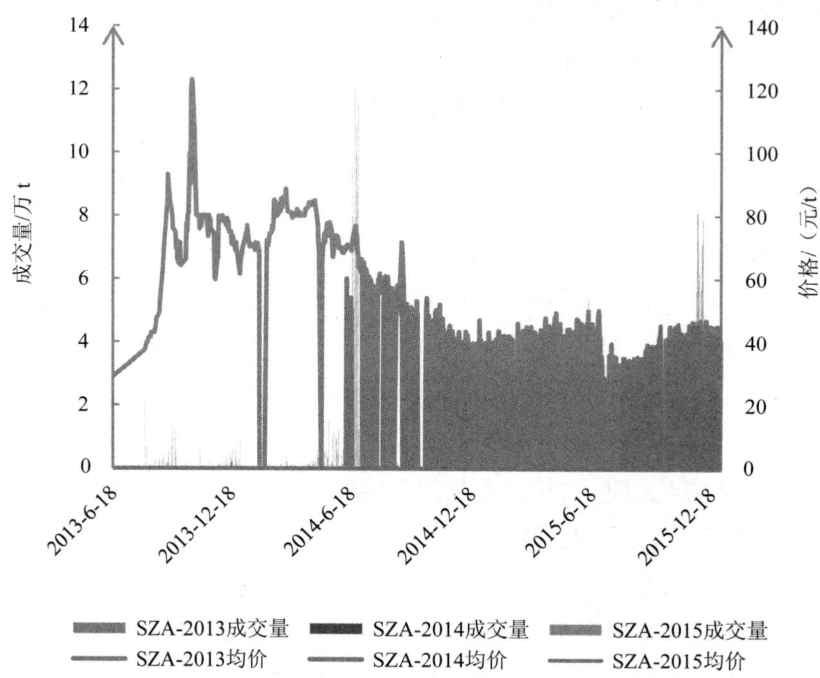

图 3-30　深圳配额交易情况

（3）CCER 交易

深圳试点 CCER 交易分为协议交易和线上交易两种模式，2015 年 4 月深圳产生了第一笔协议交易，成交量为 2.2 万吨。6 月 10 日，深圳排放权交易所公布了《深圳排放权交易所核证自愿减排量（CCER）项目挂牌上市细则（暂行）》，规定了项目挂牌要求、挂牌程序、挂牌命名、挂牌交易等方面的内容。该细则出台后不久，6 月 15 日首批 8 个 CCER 项目在深圳排放权交易所挂牌上市。截至 2015 年年底，深圳试点累计 CCER 交易量达 200.3 万吨。交易价格方面，由于大部分为协议交易，一般并未予以披露。

7．其他

（1）碳金融和市场创新

为了进一步活跃深圳碳交易市场，减轻管控企业履约压力，深圳市进行了多种市场创新和碳金融产品的探索和尝试。

①引入了境外投资机构参与交易，并开创了托管会员制。2014 年 8 月，

国家外汇管理局正式批复同意境外投资者参与深圳碳交易，深圳碳市场成为全国首家向境外投资者开放的碳市场。9 月，新加坡 Ginga Environment 参与首笔境外配额交易，购买配额 1 万吨。11 月，深圳推出碳配额托管制度，金诺投资、嘉德瑞等 3 家企业成为托管会员。2015 年 1 月，首家管控企业与托管会员达成协议，将其 70%配额进行托管。截至 2015 年 6 月底，托管会员共托管 20 余家管控单位近 300 万吨配额。

②交易所与企业合作发行碳债券、碳基金。2014 年 5 月，国内首单碳债券——中广核风电附加碳收益中期票据发行，发行金额 10 亿元，期限为 5 年，参与方包括深圳排放权交易所、浦发银行、国家开发银行、中广核等机构，碳债券的发行在国内碳金融市场具有重大先行先试意义。2014 年 10 月，国内首支私募碳基金“嘉碳开元基金”系列产品在深圳设立，交易标的分别为碳配额和 CCER。私募碳基金的出现，丰富了碳金融的业务序列并可引导民间资金的投资流向。

③推出绿色结构性存款、配额质押贷款等业务。2014 年 11 月，深圳碳市场推出绿色结构性存款业务，在常规存款产品基础上对收益组成进行重新安排，办理该类业务的管控单位，在存款到期后除了获得常规存款利息的同时还将获得不少于 1 000 吨的配额。2014 年 12 月，深圳排放权交易所发布《关于开放碳排放权质押贷款申请的公告》，开展配额质押贷款业务，不仅为企业提供了低成本市场化减排的途径，同时也可有效帮助企业盘活碳配额资产，降低企业的授信门槛；2015 年 11 月，深圳市首笔配额质押贷款业务落地，质押配额共 42 000 吨。

（2）区域碳市场建设

在服务好本地市场的同时，深圳亦积极和国内其他地区开展了共建跨区域碳交易市场的合作。深圳先后与内蒙古包头、江苏淮安、甘肃金昌、甘肃酒泉和四川省签署了战略合作协议，开展经验交流和能力建设等活动，推进区域碳交易市场的建设。2015 年 9 月，包头市召开碳排放权交易市场体系建设启动会议，标志着深包两市碳交易市场区域合作建设工作正式启动，并将努力实现深圳与包头两市碳交易市场的区域对接。

（二）碳市场特点

1．高效建立的政策法规体系与相对完善的管理制度

深圳是七个碳排放权交易试点中最早开始交易的地区，也是交易相对比较活跃的试点，得益于深圳市特区立法权优势，短期内便建立了相对完善的政策法规体系和管理制度。深圳率先出台了《深圳经济特区碳排放管理若干规定》等一系列地方法规，解决了碳排放总量控制、减排义务设置、配额交易法定化等问题，确立了碳排放权交易的合法性，为试点工作提供了强有力的法律保障。在较短的时间内，深圳市形成了由人大出台的地方性法规、市政府制定的政府规章以及深圳市发展改革委等单位公布的配套文件等组成的三级碳交易政策法规文件体系，使得深圳成为我国第一个正式启动的碳交易试点，保障了深圳市碳交易体系的迅速建立和正常运行。

在管理制度方面，深圳市政府从一开始就高度重视碳交易试点工作，给予大力支持，由分管市长主抓碳交易相关事宜，专门成立了碳排放权交易试点工作小组统筹各项工作，工作小组在市发改委成立碳排放权交易办公室，专门负责处理碳交易相关事宜。深圳市的管理体系形成了比较完善的工作机制，大大提高了工作效率，加快了试点进度，保障了试点工作的顺利推开。

2．注重结合实际和区域发展特征，机制设计有创造性

深圳在碳排放市场建设过程中，结合经济发展和碳排放阶段性特征以及深圳实际进行顶层设计，考虑到深圳碳排放强度低、直接排放占比下降、工业部门碳排放占比下降但未达峰值、交通运输和居民生活等部门碳排放占比明显上升的结构特征，提出了基于碳排放强度的温室气体控制目标和基于企业单位工业增加值分配碳排放配额的方案，机制设计上有创造性，制定了可规则性调整的总量调控机制和动态的配额博弈分配机制，充分体现了自身特点。

此外，与其他试点省市相比，深圳总体碳排放量较小、产业结构偏轻、大型碳排放源（如钢铁、水泥、有色类企业）较少，为此深圳将任意一年排放量超过 3 000 吨二氧化碳当量的企业、大型公共建筑及 1 万米^{2}以上的国家机关办公建筑都纳入管控单位，在七个试点中管控企业门槛最低，管控单位数量最多，一定程度上弥补了市场规模较小带来的限制。

3．有特色的测量、报告与核查制度

深圳是试点中最早发布温室气体量化报告核查规范和指南，并最早完成历史碳排放数据核查工作的城市。在MRV规范上，除了建筑物和交通行业外，深圳市只出台了组织温室气体量化和报告的规范和指南，未出台针对特定行业的碳排放核算方法，也不要求企业编制排放监测计划，这与当地管控企业涉及行业广、种类丰富、中小型制造企业数量多、企业生产波动性大有关，并充分考虑了可操作性和易用性。企业选择核查机构方面，不同于其他试点地区由政府委托和承担核查费用，而是采用企业自主选择、市场议价的机制。对于第三方核查机构的确定，深圳率先采用公开招标的方式确定开展碳核查工作，引入核查机构对核查结果进行二次复查，并制定了《深圳市碳排放权交易核查机构及核查员管理暂行办法》，要求对核查机构和核查员同时进行备案，加强对交易核查机构及核查员的监督管理，规范碳排放核查活动。

4．积极推进市场创新和碳金融探索

为了增强市场活跃程度，减轻管控单位履约压力，深圳碳排放权交易试点在市场创新和碳金融产品方面进行了大量探索和尝试，在各试点中实现了多个首次和突破。深圳是试点中首个开放个人投资者的碳市场，并且依托前海政策优势成为国家外汇管理局批复同意的全国首家向境外投资者开放的碳市场。此外，深圳排放权交易所首个推出了交易所配额托管制度，与企业合作成功发行国内首只碳债券，支持设立了国内首只碳基金，深圳排放权交易所联手合作银行共同推出配额质押贷款、绿色结构性存款业务，并与世界银行国际金融公司（IFC）等机构合作积极研发碳交易创新产品并取得阶段性成果。

5．管控单位履约率高，减排效果显著

深圳试点近两年履约期管控单位履约率都在99%以上，管控单位的减排效果明显。对于不按时履约的管控单位，深圳制定了严格的罚则机制，包括限期补交、3倍市场罚款、信用曝光、绩效考核和停止财政资助等多重手段。在具体执行过程中，深圳严格执行法律法规要求，坚持不调整履约日期，充分利用媒体渠道宣传相关法律、公开违约执法流程，打消了管控单位的观望态度和消极思想，有效保障了履约工作和碳交易机制的有效运行。

深圳在履约期内成功实现了碳排放总量和碳强度的双重下降。2013 年 635 家管控单位的碳排量相比 2010 年下降了 347.5 万吨，下降率约为 10.9%；同时，621 家制造业企业工业增加值增长了 809 亿元，增幅达 29.8%，碳强度较 2010 年下降了 27%，超额完成了深圳市“十二五”期间碳排放强度下降 21%的目标。635 家企业在成功保持经济增长的同时，实现了单位产出碳排放水平以更快速度下降，有效控制了经济增长驱动下工业能源消耗和碳排放上升的势头。

6．市场规模小，限制了市场功能的进一步发展

虽然深圳试点的交易量和交易金额在试点中保持前列，并且象征着市场流动性的配额流转率连续两年高居各试点榜首，但受限于其总量规模，2013 年和 2014 年配额均为 3 000 多万吨，是七试点中规模最小的。在碳市场流动性不足的情况下，非常小的交易规模即能决定成交价格，不能真实反映供需状况和减排成本，不能真正指导管控单位的投资决策和减排决策，无法实现减排效率最优化，碳市场的功能还不能完全发挥出来。如何克服市场规模较小所带来的限制，增强市场活跃程度，以及与全国碳市场合理衔接和顺利过渡，是深圳碳市场面临最大的挑战。

（三）展望

受制于经济产业结构和碳排放结构，深圳试点的市场规模是全国七个试点中最小的，这种规模限制了市场功能的充分发挥。为此，深圳尽可能依靠纳入更多的企业数量来弥补总量的不足，将管控单位碳排放纳入门槛定为 3 000 吨二氧化碳当量，而其他试点多为 1 万吨或 2 万吨以上。未来全国碳市场开始运行后，深圳试点已纳入的大部分管控单位很可能不满足纳入全国碳市场的条件。总结试点地区经验，研究深圳碳交易试点地区如何与全国碳市场合理衔接和顺利过渡，以及企业已经拥有的碳配额如何延续和处理都是当前需要重点考虑的问题。

深圳作为试点地区已投入了大量的人力、物力和财力进行了碳交易体系建设，已经积累了大量的平台资源和宝贵经验，直接废除是一种极大的浪费。《碳排放权交易管理暂行办法》中提到，经国务院碳交易主管部门批准，地方可适当扩大碳排放权交易的行业覆盖范围，制定比全国更加严格的分配方法和标准。深圳碳交易体系开展了大量的创新和探索，可以继续发挥试点示范作用。深圳在 2015 年 1 月曾发布《深圳经济特区碳排放管理若干规定（修订草案）》，出台了《公交、出租车企业温室气体排放量化和报告规范及指南》，计划将公共汽车、出租车等移动排放源纳入碳市场，为将交通行业纳入其碳交易体系做准备。此外，深圳也与多个有意向的省市签署了区域碳交易市场战略合作协议，帮助其他省区开展能力建设，推动碳交易区域合作。利用深圳试点经验带动非试点地区，可以为全国碳市场建设探索路径和奠定基础。

在全国碳市场起步阶段，保留深圳试点已有的交易体系和平台，以小规模区域市场的形式继续存在，发挥试点作用，为全国碳市场积累经验和进行示范，具有较大的借鉴意义和参考价值。

参考文献

[1] 北京市人大常委会. 关于北京市在严格控制碳排放总量前提下开展碳排放权交易试点工作的决定[Z]. 2013.

[2] 北京市人民政府. 北京市碳排放权交易管理办法（试行）[Z]. 2014.

[3] 天津市人民政府办公厅. 天津市碳排放权交易管理暂行办法 [Z]. 2013.

[4] 上海市人民政府. 上海市碳排放管理试行办法[Z]. 2013.

[5] 重庆市人民政府. 重庆市碳排放权交易管理暂行办法[Z]. 2014.

[6] 广东省人民政府. 广东省碳排放管理试行办法[Z]. 2014.

[7] 湖北省人民政府政府. 湖北省碳排放权管理和交易暂行办法[Z]. 2014.

[8] 深圳市人大常委会. 深圳经济特区碳排放管理若干规定[Z]. 2012.

[9] 深圳市人民政府. 深圳市碳排放权交易管理暂行办法[Z]. 2014.

[10] 郑爽等. 全国七省市碳交易试点调查与研究[M]. 北京：中国经济出版社，2014.

[11] 郑爽. 中国碳交易市场建设[J]. 中国能源，2014（6）：12-15.

[12] 郑爽，刘海燕，王际杰. 全国七省市碳交易试点进展总结[J]. 中国能源，2015（9）：14-17.

[13] 北京市统计局等. 2013 北京统计年鉴[M]. 北京：中国统计出版社，2013.

[14] 郑爽. 七省市碳交易试点调研报告[J]. 中国能源，2014（2）：23-28.

[15] 刘海燕. 北京市碳交易市场建设进展及建议[J]. 中国能源，2014（7）：27-30.

[16] 北京环境交易所. 北京碳市场年度报告 2015[R]. 2016.

[17] 北京环境交易所. 北京碳市场年度报告 2014[R]. 2015.

[18] 国家发改委办公厅. 关于切实做好全国碳排放权交易市场启动重点工作的通知[Z]. 2016.

[19] 北京市发改委. 关于做好 2016 年碳排放权交易试点有关工作的通知[Z]. 2015.

[20] 北京市发改委. 关于北京市 2016 年碳排放权交易有关事项补充的通知[Z]. 2016.

[21] 北京市发改委、北京市统计局. 关于公布 2015 年北京市重点排放单位及报告单位名单的通知[Z]. 2015.

[22] 北京市发改委. 企业（单位）二氧化碳排放核算和报告指南（2014）[Z]. 2015.

[23] 北京市发改委. 北京市碳排放报告第三方核查程序指南（2014）[Z]. 2015.

[24] 北京市环境交易所. 北京市环境交易所碳排放交易规则[Z]. 2015.

[25] 北京市环境交易所. 北京市环境交易所碳排放交易规则配套细则[Z]. 2015.

[26] 北京市发改委，北京市统计局. 北京市重点用能单位 2013 年能源利用状况公报[Z]. 2014.

[27] 北京市发改委. 行业碳排放强度先进值制定方法[Z]. 2014.

[28] 北京市发改委. 北京市碳排放权交易试点配额核定方法（试行）[Z]. 2013.

[29] 北京市发改委. 北京市碳排放权交易核查管理办法（试行）[Z]. 2013.

[30] 北京市发改委. 北京市碳排放权交易注册登记系统操作指南[Z]. 2013.

[31] 北京市发改委等. 北京市碳排放配额场外交易实施细则（试行）[Z]. 2013.

[32] 北京市发改委. 重点排放单位 100%履约本市率先完成 2014 年度碳排放权交易履约工作[Z]. 2015.

[33] 北京市发改委. 本市 2014 年度碳强度降低目标初步考核结果为“优秀”等级[Z]. 2015.

[34] 北京市发改委. 关于发布 2014 年北京市重点排放单位及报告单位名单的通知[Z]. 2014.

[35] 北京市发改委. 北京市碳排放权交易试点取得明显实效[Z]. 2014

[36] 天津市人民政府办公厅. 天津市碳排放权交易试点工作实施方案（津政办发[2013]12 号）[Z]. 2013.

[37] 天津市发展改革委. 天津市发展改革委关于开展碳排放权交易试点工作的通知，津发改环资[2013]1345 号[Z]. 2013.

[38] 天津市发展改革委. 天津市企业碳排放报告编制指南（试行）[Z]. 2013.

[39] 天津市发展改革委. 天津市电力热力行业碳排放核算指南（试行）[Z]. 2013.

[40] 天津市发展改革委. 天津市钢铁行业碳排放核算指南（试行）[Z]. 2013.
[41] 天津市发展改革委. 天津市炼油和乙烯行业碳排放核算指南（试行）[Z]. 2013.
[42] 天津市发展改革委. 天津市化工行业碳排放核算指南（试行）[Z]. 2013.
[43] 天津市发展改革委. 天津市其他行业碳排放核算指南（试行）[Z]. 2013.
[44] 天津市发展改革委. 天津市碳排放权交易试点纳入企业碳排放配额分配方案（试行）[Z]. 2013.
[45] 天津市发展改革委. 天津市碳排放配额登记注册系统操作指南（试行）[Z]. 2013.
[46] 天津排放权交易所. 天津排放权交易所碳排放权交易规则（试行）[Z]. 2013.
[47] 天津排放权交易所. 天津排放权交易所碳排放权交易风险控制管理办法（试行）[Z]. 2013.
[48] 天津排放权交易所. 天津排放权交易所碳排放权交易结算细则（试行）[Z]. 2013.
[49] 天津市发展改革委. 天津市发展改革委关于开展碳排放权交易试点纳入企业 2013 年度碳排放核查工作的通知（津发改环资[2014]449 号）[Z]. 2014.
[50] 天津市发展改革委. 天津市发展改革委关于开展碳排放权交易试点纳入企业 2014 年度碳排放报告与核查工作的通知（津发改环资[2015]259 号）[Z]. 2015.
[51] 天津市发展改革委. 天津市发展改革委关于天津市碳排放权交易试点利用抵消机制有关事项的通知（津发改环资[2015]443 号）[Z]. 2015.
[52] 天津市发展改革委. 天津市发展改革委关于将碳排放权交易纳入企业履约信息列入全市信用体系的通知[Z]. 2015.
[53] 天津市发展改革委. 天津市发展改革委关于开展碳交易试点纳入企业 2015 年 1—3 季度碳排放情况和 2016 年度碳排放监测计划报告工作的通知[Z]. 2015.
[54] 上海市统计局等. 上海统计年鉴[Z]. 2013.
[55] 上海市发改委. 上海市温室气体排放核算和报告指南（试行）[Z]. 2013.
[56] 上海市发改委. 上海市碳排放核查工作规则（试行）[Z]. 2013.
[57] 上海市发改委. 上海市碳排放核查第三方机构管理暂行办法[Z]. 2013.
[58] 上海市发改委. 上海市碳排放权配额登记管理暂行规定[Z]. 2013.
[59] 上海市发改委. 上海市 2013—2015 年碳排放配额分配和管理方案[Z]. 2013.
[60] 上海市发改委. 上海市 2015 年节能减排和应对气候变化重点工作安排[Z]. 2015.
[61] 上海市政府. 关于本市进一步促进资本市场健康发展的实施意见[Z]. 2014.
[62] 上海市发改委. 关于本市碳排放交易试点期间有关抵消机制使用规定的通知[Z]. 2015.

[63] 国家发展改革委应对气候变化司. 应对气候变化工作取得积极进展[J]. 中国经贸导刊，2014.

[64] 陈德敏，谭志雄. 重庆市碳交易市场构建研究[J]. 中国人口·资源与环境，2012.

[65] 魏文婉. 西部地区碳排放和经济增长关系的实证研究——基于西部省际面板数据的协整检验[J]. 西安财经学院学报，2012.

[66] 张帆，李佐军. 中国碳交易管理体制的总体框架设计[J]. 中国人口·资源与环境，2012.

[67] 国家发展和改革委员会. 碳排放权交易管理暂行办法[Z]. 2014.

[68] 重庆市发展和改革委员会. 重庆市碳排放配额管理细则[Z]. 2014.

[69] 重庆市发展和改革委员会. 重庆市工业企业碳排放核算、报告和核查细则（试行）[Z]. 2014.

[70] 国家发展改革委应对气候变化司. 关于推动建立全国碳排放权交易市场的基本情况和工作思路[J]. 中国经贸导刊，2015（1）：15-16.

[71] 窦勇，孙峥. 广东省碳排放权交易试点研究[J]. 中国物价，2015（2）：42-45.

[72] 中山大学. 广东省碳排放权交易试点分析报告（2013—2014）[R]. 2015.

[73] 中环联合（北京）认证中心有限公司. 碳交易体系配额总量设定和分配机制研究[R]. 2015.

[74] 广东省应对气候变化研究中心. 广东省碳排放权交易试点分析报告（2014—2015）[R]. 2016.

[75] 湖北省政府. 湖北省碳排放权交易工作试点工作实施方案[Z]. 2013.

[76] 湖北省发改委. 2014 年湖北省碳排放权配额分配方案[Z]. 2014.

[77] 湖北省发改委. 2015 年湖北省碳排放权配额分配方案[Z]. 2015.

[78] 湖北省发改委. 湖北省工业企业温室气体排放检测、量化和报告指南（试行）[Z]. 2014.

[79] 湖北省发改委. 关于 2015 年湖北省碳排放权抵消机制有关事项的通知[Z]. 2015.

[80] 深圳市城市发展研究中心，深圳排放权交易所. 深圳碳交易体系一周年运行效果总结报告[R]. 2015.

[81] 环维易为. 中国碳市场报告 2015[R]. 2015.

[82] 深圳市发展改革委. 深圳市碳排放权交易市场抵消信用管理规定（暂行）[Z]. 2015.

[83] 深圳市市场监督管理局. 公交、出租车企业温室气体排放量化和报告规范及指南[Z]. 2015.

第四章 温室气体自愿减排交易市场

2015 年，我国进一步完善了温室气体自愿减排政策体系与技术支撑体系，并于 1 月上线国家温室气体自愿减排交易注册登记系统，为国家核证自愿减排项目开发、申请、备案及国家核证自愿减排量（CCER）交易提供了较完整的制度环境。截至 2015 年 12 月 31 日，累计公示自愿减排交易项目 1 240 个，备案自愿减排项目 452 个，备案减排量 3 750 万吨二氧化碳当量，CCER 交易量超过 3 000 万吨。CCER 的入市丰富了碳市场的交易品种，降低了重点排放单位履约成本，提升了碳市场活跃度与运行效率，也为控排企业、投资机构等碳市场参与方提供了更广阔的空间。

一、政策及实施体系

当前，我国已初步建成了以《温室气体自愿减排交易管理暂行办法》《温室气体自愿减排项目审定与核证指南》等规定为基础的温室气体自愿减排交易政策体系，明确国家发展改革委作为 CCER 交易的主管部门，对市场准入、交易主体、项目及减排量备案、交易场所、第三方审定和核证机构资质等关键内容进行规范，奠定了 CCER 交易管理与运行的制度基础。

根据自愿减排交易制度设计，国家发展改革委构建了温室气体自愿减排交易技术支撑体系，开发、发布了一系列项目方法学，强化了审定与核证机构队伍建设。截至 2015 年年底，国家发展改革委已经分五批公布了 181 个备案的温室气体自愿减排方法学（图 4-1），明确了国内自愿减排项目开发适用的行业和领域，为国内企业开发自愿减排项目提供了方法依据。同时，已有中国质量认证中心、中环联合（北京）认证中心有限公司和广州赛宝认证中心服务有限公司等 9 家机构获得自愿减排交易项目审定与核证机构备案。

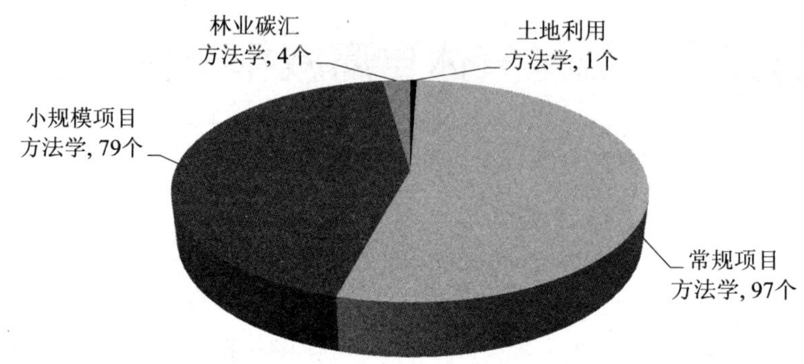

图 4-1　已备案温室气体自愿减排项目方法学汇总

（截至 2015 年 12 月 31 日）

2015 年，温室气体自愿减排新方法学备案和申请不断增加。本年度新增备案方法学 3 个，均为我国自主开发，即新建节能电缆输电线路方法学（CM-097-V01）、电动汽车充电站及充电桩方法学（CM-098-V01）和小规模非煤矿区生态修复项目方法学（CM-099-V01）。我国自主开发的方法学数量不断增加，既表明我国温室气体减排方法学研发能力不断增强，方法学"本土化"要求日趋强烈，也反映出我国碳市场吸引力不断上升，温室气体控排需求不断增加。

二、项目备案与方法学应用

（一）备案情况

从 2013 年 10 月第一个自愿减排项目公示至 2015 年 12 月 31 日，中国温室气体自愿减排交易平台累计审定公示项目 1 240 个。累计备案项目 452 个（表 4-1），其中类别（一）和（三）项目占 90%以上[①]；累计减排

① 项目分类情况：（一）采用经国家主管部门备案的方法学开发的自愿减排项目；（二）获得国家发改委批准的清洁发展机制项目但未在联合国清洁发展机制执行理事会注册的项目；（三）获得国家发改委批准的清洁发展机制项目且在联合国清洁发展机制执行理事会注册前产生减排量的项目；

量核证公示的监测报告 318 个，获得减排量备案 141 个，累计备案减排量 3 750 万吨。

表 4-1 中国温室气体自愿减排项目备案统计

（截至 2015 年 12 月 31 日）

	项目总数	项目类别	项目数量
备案项目	452	类别（一）	230
		类别（二）	39
		类别（三）	183
		类别（四）	0

数据来源：中国温室气体自愿减排交易信息平台。

2015 年，自愿减排项目开发活跃，实现项目公示、项目备案和减排量备案数量快速增长。其中，自愿减排项目公示 752 个，较 2014 年增长 54%；备案自愿减排项目 310 个，相比 2014 年备案项目数（142 个）翻番；减排量备案公示 248 个项目，其中 122 个项目获得减排量备案，比 2014 年增加近 4 倍。2015 年备案减排量超过 2 400 万吨，相比 2014 年增加约 1 100 万吨。

（二）方法学应用

2015 年，备案项目应用的方法学较为集中。本年度备案的自愿减排项目共应用方法学 21 个，仅占全部 181 个方法学的 12%，160 个方法学没有得到应用。相比 2014 年应用的 14 个方法学，2015 年方法学使用范围有所扩大，覆盖领域涉及地热利用、天然气利用、公共交通和废水处理产生的甲烷利用等；其中应用“可再生能源联网发电”方法学（CM-001-V01）的项目数最多，其次为与户用沼气相关的 CMS-001-V01（用户使用的热能，可包括或不包括电能）、CMS-026-V01（家庭或小农场农业活动甲烷回收）和 CMS-002-V01（联网的可再生能源发电）方法学等（图 4-2）。

（四）在联合国清洁发展机制执行理事会注册但减排量未获得签发的项目。

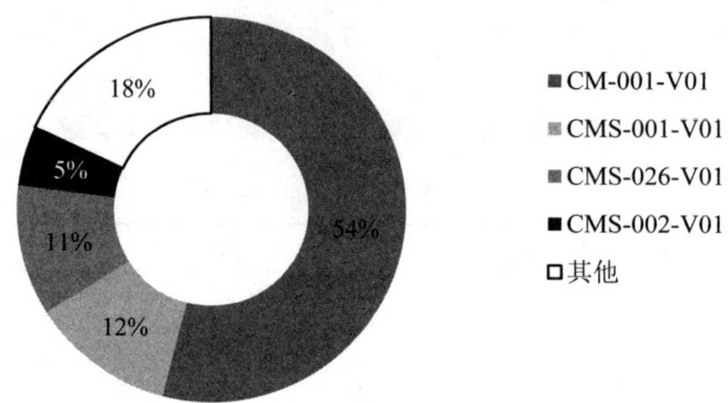

图 4-2　2015 年备案项目方法学应用情况

（截至 2015 年 12 月 31 日）

注：存在一个项目同时使用多个方法学情况，如 CMS-002-V01、CMS-021-V01（动物粪便管理系统甲烷回收）和 CMS-026-V01。

三、项目类型分析

（一）项目类别

2015 年，除类别（四）项目外，类别（一）、（二）、（三）类均有项目获得自愿减排项目和减排量备案（图 4-3）。从项目和减排量备案各类别所占份额看，类别（一）和类别（三）占据绝大多数，类别（二）占比较低。与 2014 年相比，2015 年类别（一）备案项目数量增速较快，类别（一）备案项目数量占比从 2014 年的 27%上升到 2015 年的 62%；类别（三）项目份额呈现下降趋势，占比从 2014 年的 67%下降到 2015 年的 28%；类别（二）项目备案占比与 2014 年相比基本持平。

（二）地域分布

从备案项目所在地看，除西藏外，全国 30 个省市自治区均已进行自愿减排项目的开发，新疆维吾尔自治区、湖北省、云南省和内蒙古自治区等中西部省区自愿减排项目数量分列前四位。此外，2015 年项目来源地新增天津市、重庆市、江西省和海南省四个省市（表 4-2）。

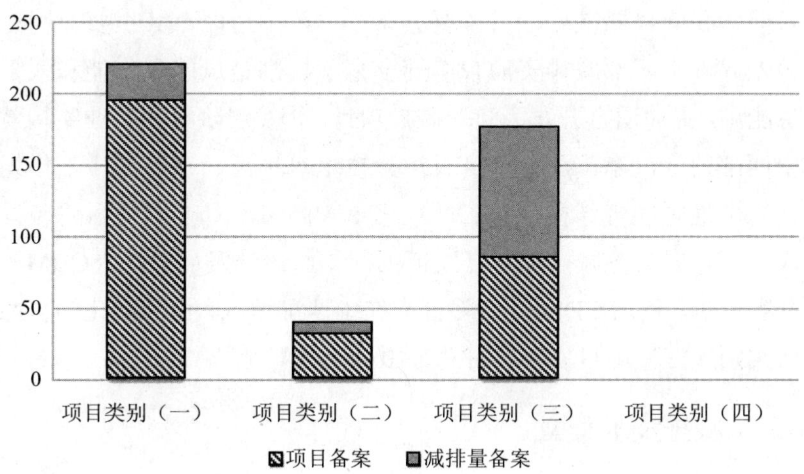

图 4-3　各类别项目数量统计

（截至 2015 年 12 月 31 日）

表 4-2　2015 年中国各省市备案项目统计

省市	项目备案	占比	省市	项目备案	占比
北京市	6	2%	福建省	6	2%
天津市	3	1%	江西省	2	1%
上海市	7	2%	湖北省	28	9%
重庆市	2	1%	湖南省	4	1%
辽宁省	12	4%	广东省	17	5%
吉林省	12	4%	广西壮族自治区	11	4%
黑龙江省	7	2%	海南省	1	0%
内蒙古自治区	20	6%	四川省	11	4%
河北省	10	3%	贵州省	16	5%
河南省	11	4%	云南省	22	7%
山东省	6	2%	西藏自治区	0	0%
山西省	7	2%	陕西省	1	0%
江苏省	9	3%	甘肃省	6	2%
浙江省	15	5%	青海省	15	5%
安徽省	7	2%	宁夏回族自治区	7	2%
新疆维吾尔自治区	29	9%	—	—	—
项目数合计	310				

目前，我国自愿减排项目主要分布在中西部地区，其主要原因在于：①资源差异。中西部减排资源较东部丰富，特别是风能、水能和太阳能等可再生能源，更加适合开发为自愿减排项目。②发展阶段和产业结构差异。相比中西部地区，东部地区经济发达、技术水平高、节能减排工作先进，同时，东部地区经济结构中第三产业比重较高，不利于降低自愿减排项目开发成本、扩展自愿减排项目开发范围。③原清洁发展机制（CDM）项目地域分布影响。我国 CDM 项目多分布在中西部地区，由其转化的自愿减排项目（类别（三）项目）在项目总数中处于主导地位。

（三）减排技术类型

2015 年，备案项目采用的减排技术涵盖 8 大领域 13 个子类型（图 4-4 和图 4-5），相比 2014 年涉及行业更广泛，可再生能源类项目数量和减排总量均占据较高份额。从各技术类型项目数量看，可再生能源类项目数量超过全部项目总数的八成，风力发电、光伏发电、甲烷利用（沼气发电）和水力发电四个技术类型的项目数量占据前四位，占比分别为 38%、17%、14%和 10%。与 2014 年相比，可再生能源类项目占比水平由 2014 年的 67.6% 下降为 65%。从各项目技术类型减排总量看，减排总量最大的四个技术类型分别是风力发电、水力发电、生物质利用和甲烷利用（沼气发电），占比分别为 31%、28%、10%和 8%。

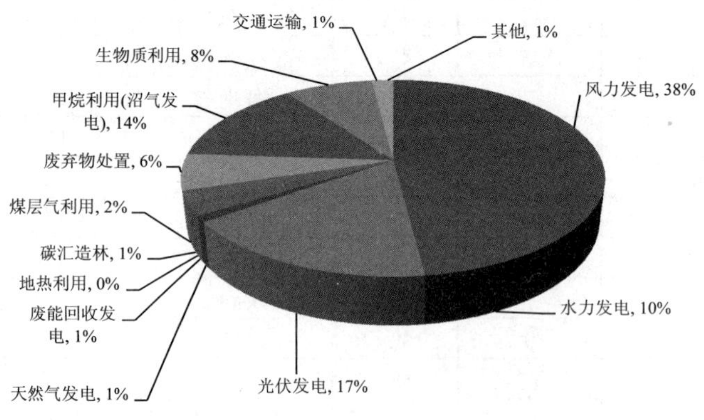

图 4-4　各减排技术类型项目数量统计

（截至 2015 年 12 月 31 日）

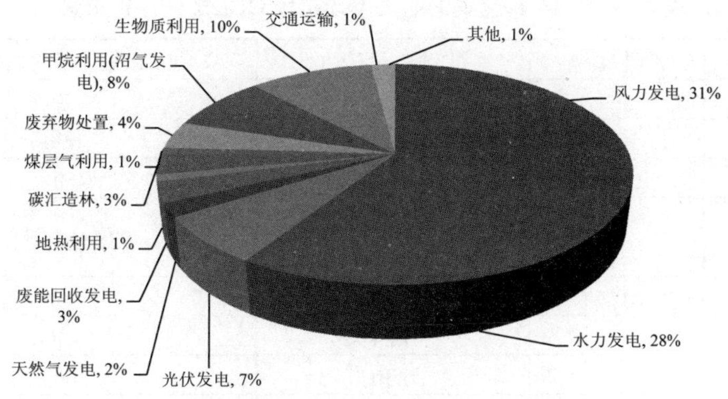

图 4-5　各减排技术类型项目减排总量统计

（截至 2015 年 12 月 31 日）

四、CCER 参与碳交易试点抵消机制分析

（一）履约需求分析

为降低重点排放单位履约成本，7 个碳排放权交易试点均允许纳入企业使用一定比例的 CCER 用于抵消年度排放配额。各试点碳交易市场分别出台了 CCER 抵消规则，规定企业可使用的 CCER 比例不同，设计抵消比例在企业配额量的 5%～10%。据此计算，2014 年度履约期 CCER 理论需求量总计约 1.18 亿吨，各试点需求量从 275 万吨至 3 700 万吨不等（表 4-3）。

试点地区结合本地实际情况制定了 CCER 使用规则（表 4-4），对自愿减排项目规模、类型、CCER 产生时间等作出限制规定，主要包括：①时间限制，部分试点对拟使用的 CCER 产生的时间节点做出规定，要求项目减排量必须产生于试点阶段（2013 年）或“十二五”时期（2010 年）之后；②项目类型限制，部分试点只允许额外性高的“优质”自愿减排项目（如非大型水电类自愿减排项目），用于本地履约抵消；③地域限制，部分试点对项目所在地域进行限制，旨在鼓励当地经济发展或支持不发达地区经济建设。

表 4-3　2014 年度履约期试点碳市场 CCER 理论需求量

<table>
<tr><th>试点地区</th><th>抵消比例</th><th>配额总量/亿 t</th><th>CCER 最大需求量/万 t</th></tr>
<tr><td>北 京</td><td>5%</td><td>0.55</td><td>275</td></tr>
<tr><td>天 津</td><td>10%</td><td>1.60</td><td>1 600</td></tr>
<tr><td>上 海</td><td>5%</td><td>1.50</td><td>750</td></tr>
<tr><td rowspan="2">重 庆</td><td rowspan="2">8%</td><td>1.25（2013 年）</td><td rowspan="2">1 928（合计）</td></tr>
<tr><td>1.16（2014 年）</td></tr>
<tr><td>广 东</td><td>10%</td><td>3.70</td><td>3 700</td></tr>
<tr><td>湖 北</td><td>10%</td><td>3.24</td><td>3 240</td></tr>
<tr><td>深 圳</td><td>10%</td><td>0.30</td><td>300</td></tr>
<tr><td>合 计</td><td>—</td><td>—</td><td>11 793</td></tr>
</table>

表 4-4　用于试点碳市场抵消机制的 CCER 使用规则

<table>
<tr><th>试点</th><th>项目类型</th><th>项目地域</th><th>时间要求</th><th>其他</th></tr>
<tr><td>北京</td><td>非水电、二氧化碳和甲烷类</td><td>京外 2.5%，优先与本市签署生态环保等相关合作协议的地区</td><td>2013-1-1 以后的 CCER</td><td>非来自本市行政辖区内重点排放单位固定设施</td></tr>
<tr><td>天津</td><td>非水电、二氧化碳气体项目</td><td>优先使用京津冀地区</td><td>2013-1-1 以后的 CCER</td><td>碳交易企业边界内项目不得使用</td></tr>
<tr><td>上海</td><td>无项目类型限制</td><td>无地域限制</td><td>2013-1-1 以后的 CCER</td><td>本市试点企业边界内项目不得使用</td></tr>
<tr><td rowspan="4">重庆</td><td>节约能效和提高能效</td><td rowspan="4">无地域限制</td><td rowspan="3">2010-12-31 以后投入运营的项目产生的 CCER</td><td rowspan="4">无</td></tr>
<tr><td>清洁能源和非水可再生能源</td></tr>
<tr><td>能源活动、工业生产过程、农业、废弃物处理</td></tr>
<tr><td>碳汇</td><td>未明确</td></tr>
<tr><td rowspan="4">广东</td><td>非来自水电项目</td><td rowspan="3">无地区要求</td><td rowspan="4">无时间限制</td><td rowspan="3">主要来自二氧化碳（CO_2）、甲烷（CH_4）减排项目，即这两种温室气体的减排量应占该项目所有温室气体减排量的 50%以上</td></tr>
<tr><td>非来自使用煤、油和天然气（不含煤层气）等化石能源的发电、供热和余能（含余热、余压、余气）利用项目</td></tr>
<tr><td>非第三类项目</td></tr>
<tr><td>优先使用本省林业碳汇项目</td><td>广东本省</td><td>无</td></tr>
</table>

<table>
<tr><th>试点</th><th colspan="2">项目类型</th><th>项目地域</th><th>时间要求</th><th>其他</th></tr>
<tr><td rowspan="2">湖北</td><td colspan="2" rowspan="2">非大、中型水电项目</td><td>湖北本省</td><td rowspan="2">无时间限制</td><td>无</td></tr>
<tr><td>与湖北省签署碳市场合作协议地区</td><td>不超过 5 万 t</td></tr>
<tr><td rowspan="10">深圳</td><td rowspan="5">可再生能源和新能源</td><td>风力发电</td><td rowspan="3">1. 规定地区*
2. 同深圳签订碳交易战略协议的地区</td><td rowspan="10">无时间限制</td><td rowspan="10">无</td></tr>
<tr><td>太阳能发电</td></tr>
<tr><td>垃圾焚烧发电</td></tr>
<tr><td>农村户用沼气</td><td rowspan="4">同深圳签订碳交易战略协议的地区</td></tr>
<tr><td>生物质发电</td></tr>
<tr><td colspan="2">清洁交通减排</td></tr>
<tr><td colspan="2">海洋固碳减排</td></tr>
<tr><td colspan="2">林业碳汇</td><td rowspan="2">无</td></tr>
<tr><td colspan="2">农业减排</td></tr>
<tr><td colspan="2">无</td><td>深圳本市企业投资的 CCER 项目</td></tr>
</table>

* 根据《深圳市碳排放权交易市场抵消信用管理规定（暂行）》，该类地区包括广东省梅州、河源、湛江、汕尾等，以及新疆、西藏、青海、宁夏、内蒙古、甘肃、陕西、安徽、江西、湖南、四川、贵州、广西、云南、福建、海南等省区。

（二）供应情况

截至 2015 年年底，共 141 个项目的减排量获得备案签发，备案减排量超过 3 750 万吨。由于部分业主尚未在国家自愿减排注册登记系统中开户，因此进入市场的 CCER 低于 3 750 万吨。从项目类别来看，自愿减排项目中类别（一）项目 26 个，类别（二）项目 5 个，类别（三）项目 110 个（图 4-6）。从项目减排类型来看，水电项目占比最高，约为 41%；其次是风电、天然气发电、煤层气利用和生物质利用项目；这五类项目总和占比超过 85%（图 4-7）。

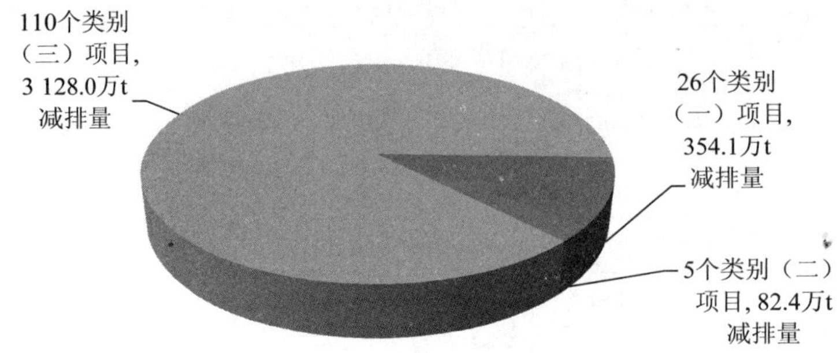

图 4-6　自愿减排量备案项目类别

（截至 2015 年 12 月 31 日）

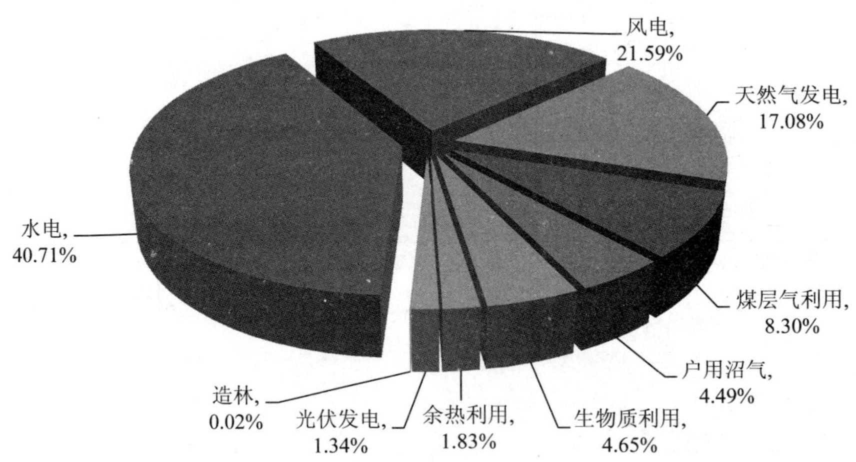

图 4-7　自愿减排量备案项目类别

（截至 2015 年 12 月 31 日）

从项目来源地来看，上述 141 个自愿减排项目来自 25 个省区市，其中内蒙古项目最多，为 16 个；其次是河北省和湖北省，各为 12 个（表 4-5）。

根据 7 个试点碳市场 CCER 用于抵消机制的限制条件以及实际产生时间的限制，可用于北京市试点履约的项目 29 个，减排量 388.5 万吨；可用于天津市试点履约的项目 28 个，减排量 367.5 万吨；可用于上海市试点履约的项目 33 个，减排量 460.5 万吨；可用于重庆市试点履约的项目 60 个，减排量 904.1 万吨；可用于广东省履约的项目 28 个，减排量 570 万吨；可用于湖北省试点履约的项目 7 个，减排量 62 万吨[①]；可用于深圳市试点履约的项目 24 个，减排量 355.8 万吨（表 4-6）。

综合上述分析，2015 年度履约期各试点碳市场 CCER 理论总需求约 1.2 亿吨，实际总供给量仅为 1 105.1 万吨，供需差距显著，各试点碳市场的 CCER 实际供给量均明显小于其理论需求量（表 4-7）。

表 4-5　CCER 备案项目地域分布

（截至 2015 年 12 月 31 日）

地　域	项目数量/个	地　域	项目数量/个
安　徽	1	吉　林	10
北　京	1	辽　宁	7
福　建	3	内蒙古	16
甘　肃	10	宁　夏	3
广　东	5	青　海	2
广　西	5	山　东	3
贵　州	8	山　西	1
河　北	12	上　海	1
黑龙江	5	四　川	10
湖　北	12	云　南	9
湖　南	2	浙　江	1
新　疆	5	河　南	1
江　苏	1	—	—

表 4-6　符合试点碳市场抵消机制要求的自愿减排项目

试点地区	符合条件项目/个	符合条件减排量/万 t
北 京	29	388.5
天 津	28	367.5
上 海	33	460.5
重 庆	60	904.1
广 东	28	570.0
湖 北	7	62.0
深 圳	24	355.8
总 计	—	1 260.4[②]

① 此处仅计算满足湖北履约要求的当地项目，根据湖北规则，湖北企业可最多使用 5 万吨的外省 CCER。

② 计算时已扣除重复项。

表 4-7 试点地区 CCER 履约需求分析

（截至 2015 年 6 月 30 日）

试点地区	北京	天津	上海	重庆	深圳	广东	湖北
理论需求量/万 t	275	1 600	750	1 928	300	3 700	3 240
实际供给量/万 t	116.9	95.9	155.1	285.8	222.8	163.5	65.1

（三）抵消情况

2015 年是试点碳市场允许使用 CCER 进行抵消履约的第一年。截至 2015 年 7 月 10 日，北京、上海、广东、深圳、天津和湖北 6 个试点碳市场已完成 2014 年度履约工作，部分试点的重点排放单位使用了 CCER 进行抵消履约，总量约 194.5 万吨，部分试点地区情况见表 4-8。其中，深圳、北京由于重点排放单位数量较多、配额分配整体偏紧等原因，使用 CCER 进行抵消履约的重点控排单位相对较多；天津、上海、广东等试点碳市场使用 CCER 进行抵消履约的重点排放单位虽较少，但每家单位的 CCER 使用量较高。

表 4-8 部分试点使用 CCER 履约情况

试点地区	CCER 抵消量/万 t
北 京	6.1
上 海	47.6
广 东	23.7
深 圳	82.0
天 津	31.1

五、交易情况

截至 2015 年 12 月 31 日，7 个备案的 CCER 交易机构已有 6 家进行了 CCER 交易，总交易量在 3 500 万吨左右（图 4-8）。总体看，CCER 交易受试点履约、投资机构入市等因素影响，呈现明显的阶段性特征（图 4-9）。

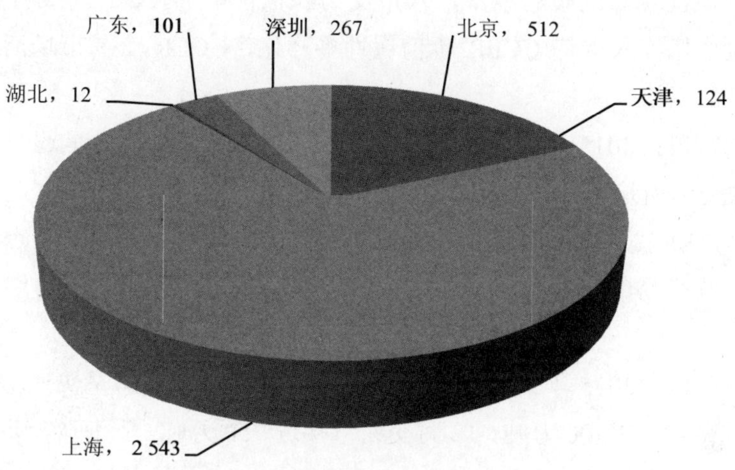

图 4-8　2015 年各交易所 CCER 交易量情况　　单位：万 t

（截至 2015 年 12 月 31 日）

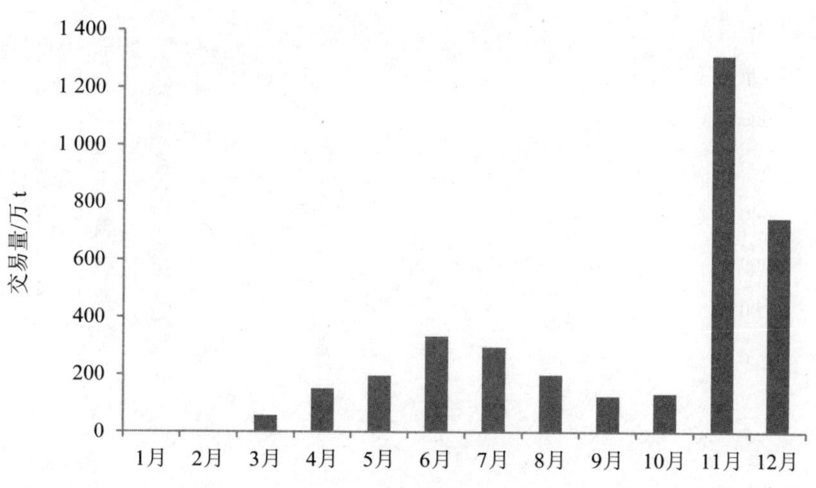

图 4-9　2015 年 CCER 月度交易量情况

（截至 2015 年 12 月 31 日）

第一阶段：2015 年 1 月至 6 月。此阶段 CCER 交易市场逐渐活跃，月交易量呈上升趋势，交易量累计超过 700 万吨。主要原因有以下两点：①随着可用于试点碳市场履约抵消的 CCER 供应量增加以及履约日期临近，重点单位为降低履约成本，入市交易积极性增加，CCER 交易逐步升温；②投资机构入市使 CCER 价值属性多样化，CCER 交易市场活跃度进一步提升。

第二阶段：2015 年 7 月至 10 月。此阶段 CCER 交易量呈逐月下降趋势，多数交易所这一阶段的 CCER 交易量较第一阶段明显下降，此阶段交易量共计 750 余万吨。本阶段，由于重点排放单位履约结束，重点排放单位入市参与交易的积极性下降，交易参与方主要为投资机构和自愿减排项目业主。

第三阶段：2015 年 11 月至 12 月。此阶段 CCER 交易量快速增长，11 月交易量突破了 1 300 万吨，12 月交易量接近 750 万吨。上海碳市场 CCER 交易明显活跃是推动本阶段 CCER 交易规模扩大的主导因素（图 4-10），上海碳市场 11 月起交易量大幅增长，CCER 交易量约 1 200 万吨，12 月交易量有所下降，但仍近 700 万吨，两月交易量占同期全国 CCER 总交易量的 90%以上；此外，该阶段交易主要由投资机构完成。

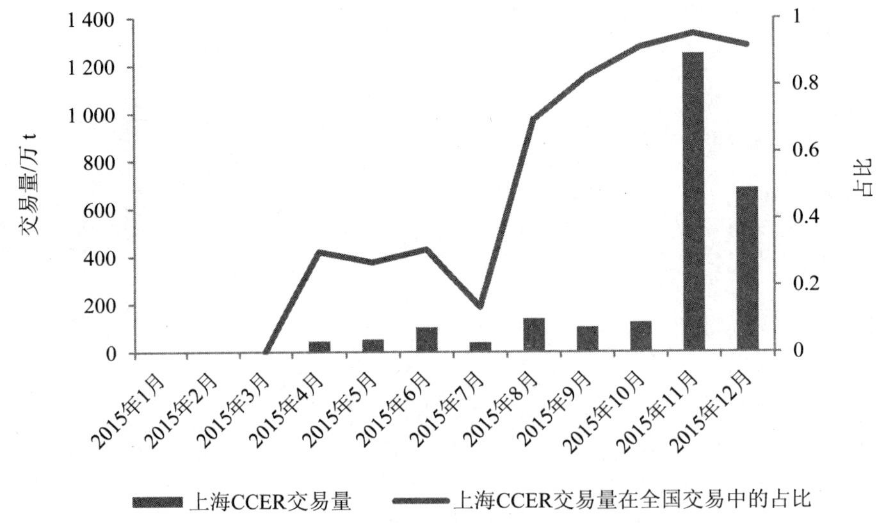

图 4-10　上海环境能源交易所 CCER 交易情况

2015 年全国 CCER 交易市场主要有以下特征：

（1）交易活跃，交易方式以协议交易为主。CCER 上市交易以来，交易量超过 3 000 万吨，接近试点配额交易规模（2015 年为 3 333.8 万吨），可观的交易规模反映出 CCER 价值被市场参与者逐步认可。同时，CCER 交易方式以协议交易为主，主要有以下两个原因：①买卖双方在减排量备案甚至更早的阶段便已达成交易意向并签订买卖协定，约定交易金额、交易数量、买卖方向和交割日期等，待 CCER 正式签发后在场内完成交割。②协议交易方式赋予交易双方更大的灵活性，在成交价格方面也存在更大的议价空间，对交易双方有更大的吸引力。

（2）交易价格差别明显。①不同项目 CCER 价格差别大。能用于试点碳市场履约抵消的 CCER 价格明显高于不能在试点碳市场履约的 CCER，前者价格多在 10～20 元/吨，后者价格多在 10 元/吨以下。②不同试点地区的 CCER 价格差别大。不同试点地区配额供需情况以及配额交易价格直接影响了 CCER 价格，特别是 CCER 公开交易价格。如：北京碳市场配额价格高，CCER 公开交易价格曾高达 33 元/吨，同期其他交易所的公开交易价格多在 10～20 元/吨。

（3）投资机构扮演重要角色。由于投资机构具有一定的项目开发和交易经验，其在 CCER 项目开发和交易中表现活跃。一方面，投资机构积极参与项目咨询与开发，协助业主完成 CCER 项目开发与备案，促进了自愿减排项目市场开发；另一方面，投资机构在交易中扮演“中间商”角色，促进形成交易机会，加快了 CCER 流转速度。

（4）市场信息仍然不够透明。目前大部分 CCER 交易出于对投资者的保护、避免影响配额市场价格等原因，并不公布详细交易信息，仅少数交易会公布买卖双方、交易价格等信息，为投资者深化对 CCER 交易市场的认知带来了不利影响，也提高了 CCER 交易的不确定性，不利于形成稳定的市场预期，影响了市场参与者的信心。

（5）部分试点碳市场出现价格倒挂现象。CCER 与碳排放配额具有较强的同质性，1 吨二氧化碳理论上其价格应相同。但受市场规模、流动性等因素影响，CCER 价格通常低于配额价格。然而，上海碳市场却出现配额交易价格低于 CCER 价格的现象。2015 年 12 月，上海碳市场 CCER 成交价格在 16～18 元/吨，而配额价格由于需求量减少等原因一路下滑，12 月配额成交价约在 10 元/吨，低于同期 CCER 价格。

六、展望

2016 年是中国碳市场建设的关键之年，地方碳交易试点将继续深化，全国碳排放权交易市场建设将加速推进。CCER 作为我国碳市场的重要交易品种之一，所受关注度也将日益提高。

为以较低成本完成碳交易试点 2015 年度履约工作，CCER 交易规模与市场活跃度有望进一步提升，促进发现真实的 CCER 价格，逐步与配额市场形成有效的价格传递机制，成为自愿减排项目开发的主要融资渠道。同时，伴随现行自愿减排管理办法的修订，CCER 的市场需求有望进一步确定。随着我国温室气体自愿减排交易市场的逐渐成熟、投资机构和其他参与方逐步入市，CCER 市场活跃度可能进一步提高，从而推动更多地开发自愿减排项目。

参考文献

[1] 国家发改委. 温室气体自愿减排交易管理暂行办法[Z]. 2012.

[2] 国家发改委. 温室气体自愿减排项目审定与核证指南[Z]. 2012.

[3] 世界银行. 碳定价现状与趋势 2015[R]. 2015.

[4] 安迅思. 中国自愿减排交易必备手册[R]. 2014.

[5] 北京市发改委. 北京市碳排放权抵消管理办法（试行）[Z]. 2014.

[6] 上海市发改委. 上海市碳排放交易试点期间有关抵消机制使用规定的通知[Z]. 2015.

[7] 广东省发改委. 广东省发展改革委关于碳排放配额管理的实施细则[Z]. 2015.

[8] 天津市发改委. 关于天津市碳排放权交易试点利用抵消机制有关事项的通知[Z]. 2015.

[9] 湖北省发改委. 关于 2015 年湖北省碳排放权抵消机制有关事项的通知[Z]. 2015.

[10] 深圳市发改委. 深圳市碳排放权交易市场抵消信用管理规定（暂行）[Z]. 2015.

[11] 重庆市发改委. 重庆市碳排放配额管理细则（试行）[Z]. 2014.

第五章　国际碳市场进展

2015年对全球应对气候变化行动来说是关键的一年。2015年年底举行的气候变化巴黎大会通过了《巴黎协定》，确立了2020年后全球应对气候变化行动安排，传递出了全球实现绿色低碳、气候适应型和可持续发展的积极信号，同时也为各国的减缓和适应气候变化行动指明了方向，提供了强有力的政治推动力。

2015年，在全球范围内政治经济形势持续动荡、经济复苏仍显缓慢的情况下，全球碳市场交易量约为79亿吨，比2014年下降14%；交易额为573亿欧元，比2014年上升13%[①]。欧盟和北美碳市场在2015年全球碳市场总交易量中分别占据约85%和13%的份额，在总交易额中分别约占84.8%和14.9%。韩国碳市场于2015年1月启动，但交易清淡。尽管2015年国际碳市场相对低迷，但《巴黎协定》的达成有望向未来全球碳市场注入新的活力。

一、《巴黎协定》中的市场机制

气候变化巴黎大会于2015年12月12日在法国巴黎闭幕，会议通过了《巴黎协定》（*Paris Agreement*）。协定涵盖了目标、减缓、适应、损失损害、资金、技术、能力建设、透明度、全球盘点等多领域内容，确立了2020年后综合性的全球应对气候变化长期目标。关于2020年后基于市场的新机制，《巴黎协定》也作出了相应的规定。

（一）机制内容

《巴黎协定》第六条及巴黎会议决定的第37～39段规定了新的自愿性

① BNEF. Q4 2015 Carbon Market Quarterly Slow and Steady. 2016.

合作方式和一种基于减排量转让的新机制。其中合作方式规定，缔约方可以选择使用“可国际转让的减缓成果”（internationally transferred mitigation outcomes）来实现国家自主贡献中的目标，这种合作方式应促进可持续发展，确保环境完整性和透明度，同时应避免重复计算。新机制则规定巴黎协定的任一缔约国可开展减少温室气体排放的活动（activities），据此获得的经核证的减排量可被另一缔约国用于实现本国的国家自主贡献（national determined contribution，NDC）目标，但须避免重复计算。建立新机制的目的是：①促进实施温室气体减排活动的东道国的可持续发展；②激励公共和私营实体参与减排活动；③促进东道国减排并从中获益，同时产生的减排量能被另一缔约方用于履行其国家自主贡献；④实现全球整体减排（overall mitigation in global emissions）。

新机制将由《巴黎协定》缔约方会议指定的机构管理。《联合国气候变化框架公约》（以下简称《公约》）附属科技咨询机构（SBSTA）将负责制定避免减排量重复计算的指南、新机制的具体规则、模式与程序等，并提交《巴黎协定》缔约方会议（CMA）第一届会议上讨论通过。新机制的规则、模式与程序需按照以下原则制定：缔约方自愿参与；对减缓气候变化产生真实的、可测量的、长期的效益；限于特定范围内的活动；减排量具有额外性；减排量的核查与核证由指定经营实体开展；吸取《公约》及其议定书的市场机制和方式的经验教训。

（二）分析

新机制将在2020年后取代现有的《京都议定书》下的灵活机制，为实现国家自主贡献目标和减缓全球排放作出贡献。新机制与《京都议定书》下的市场机制，特别是清洁发展机制（CDM）和联合履约（JI）在组织管理和减排量的技术要求上存在相似性，但在机制的目标、减排量的来源、转让、使用和计算等方面将存在本质区别（表 5-1），并对相关规则制定带来挑战。

在目标方面，《京都议定书》CDM 等机制产生的减排量是用来履行附件一缔约方的具有统一核算标准的量化减排或限排目标，而《巴黎协定》新机制产生的减排量可用于履行缔约方的国家自主贡献（NDC）目标。NDC的目标极其多样化：既有量化温室气体控制目标，又有量化碳汇、可再生能源、提高能效目标，还有政策措施等非量化的行动目标。即使在量化温室气体控制目标中，既有1990年至2014年等不同年份的绝对量减排目标，也有相比基准情景的减排目标，还有不同基年的强度目标等（表5-2）。新机制产生的减排量如何按照统一标准应用到多样的NDC目标中是未来规则制定面临的一大挑战。

表5-1　新机制与清洁发展机制对比

内容	新机制	清洁发展机制
目标	• 协助《巴黎协定》任一缔约方实现国家自主贡献目标，并促进制定更有力度的减排目标 • 有助于项目东道国实现可持续发展 • 实现全球温室气体排放的整体减缓	• 协助《京都议定书》附件一国家实现《京都议定书》下的量化的限制或者减少排放的目标 • 有助于项目东道国实现可持续发展
参与方	• 基于自愿 • 项目减排量买方：《巴黎协定》任一缔约国 • 项目东道国：《巴黎协定》任一缔约国	• 基于自愿 • 项目减排量买方：《公约》附件一缔约方，即发达国家 • 项目东道国：《公约》非附件一缔约方，即发展中国家
减排量可能来源	项目级、行业标准及政策措施类活动	项目级活动
减排活动/项目效果	• 新机制活动在减缓气候变化方面产生真实的、可测量的、长期的效益 • 减排量具有额外性	• 项目在减缓气候变化方面产生真实的、可测量的、长期的效益 • 减排量具有额外性
减排量核查与核证	由CMA指定的经营实体开展	由CMP指定的经营实体开展
管理方	由《巴黎协定》缔约方会议（CMA）授权和监督，并指定机构负责监督实施	由《京都议定书》缔约方会议（CMP）授权和监督，并指定清洁发展机制执行理事会（CDMEB）监督实施
收益使用	部分收益用于负担相关行政开支，以及援助易受气候变化不利影响的发展中国家的适应活动	部分收益用于负担相关行政开支，2%收益用于成立适应基金（adaptation fund），以援助易受气候变化不利影响的发展中国家的适应活动

表 5-2 国家自主行动目标（INDC）汇总

INDC 数量	INDC 主要目标
105 个	温室气体量化目标，其中： • 33 个 INDC 为基于某一年份的绝对量化减排目标，其中有 15 个基年为 1990 年，1 个为 1994 年，1 个为 2000 年，8 个为 2005 年，1 个为 2006 年，6 个为 2010 年，1 个是 2014 年； • 76 个为基于基准情景的减排目标； • 5 个为固定排放目标，即目标年份或时期的固定排放量； • 7 个为强度目标
20 个	温室气体量化目标+非温室气体目标，包括造林和再造林，可再生能源和能效目标等
22 个	行动目标，包括各类政策措施
8	非温室气体目标+行动
2	非温室气体目标，即电力行业向 100%使用可再生能源转型

来源：Carbon Markets after Paris：How to Account for the Transfer of Mitigation Results?

在参与方方面，新机制活动中的东道国不再区别发达国家或发展中国家，任一缔约国均可开展新机制活动，并作为活动减排量的买方或者卖方。相对于《京都议定书》，新机制分别确定了买方和卖方的国家性质，显示出了更多的灵活性。

在减排量来源方面，新机制规定减排量来自“特定范围的活动”，而没有像 CDM 等规定是项目产生的减排量。因此可以推断新机制的减排量范围将更加广泛，既可以包括类似清洁发展机制（CDM）项目、规划类清洁发展机制（PCDM）项目，以及减少森林砍伐和退化的项目等产生的减排量，还可以包括源自行业标准及政策措施的活动，如取消化石能源补贴、支持气候友好交通、采用绿色建筑标准等，促进行业、区域或国家层面的减排和低碳转型活动所产生的减排量。无论何种来源，这些活动产生的减排量必须是额外、真实、可测量和有长期效益的，并且经过第三方核查核证。

在减排量计算和登记方面，与《京都议定书》市场机制最大的差异之一是，新机制产生的减排量被用于实现另一缔约国的国家自主贡献时，需要避免重复计算（double counting），即减排量不能被东道国计入本国的减排量，只能用于计入减排量受让国的国家自主贡献目标中，以实现全球净减排。满足这项规定不仅涉及国家排放清单核算和报告方面的调整，并且由于国家自主贡献目标的多样化，还需要根据不同类型的 NDC 目标确定不同的计算和报告标准，这些将是制定新机制规则面临的难点。另外，《巴黎协定》的下设机构还需要将各国的NDC及其执行情况、实际排放以及减排量的流转等进行准确的记录和登记，以保障《巴黎协定》的有效实施。

在核查与核证方面，协定中明确新机制下活动产生的减排量由指定经营实体（DOE）进行第三方核查和核证，这与已有的CDM项目的减排量核查和核证相似。由于清洁发展机制项目的指定经营实体均由《联合国气候变化框架公约》（以下简称《公约》）和《京都议定书》下CDM执行理事会进行审核备案，考虑到标准的统一性和机构的权威性，新机制下减排量的核查和核证仍将由经《公约》和《巴黎协定》缔约方会议认可的相关机构实施。

在方法学方面，对于项目级的活动，可基于已有的CDM项目方法学；而对于行业或政策措施减排活动，则需要开发相关的方法学，而难点在于如何确定这类减排量的额外性。

在程序和管理模式方面，新机制作为《公约》和《巴黎协定》下的市场机制，将由《巴黎协定》缔约方会议指定的机构负责监督实施。根据《巴黎协定》，新机制的具体实施程序和管理模式还有待后续的谈判确定。

（三）未来可能需求分析

随着《巴黎协定》的生效以及《京都议定书》的到期，2020年后新机制将完全取代《京都议定书》下的灵活机制。已有的灵活机制在帮助发达国家履约、促进发展中国家可持续发展过程中发挥了重要作用，推动了全球碳市场的发展，促进了气候资金的流动。但是，这些机制在实施过程中出现了减排量需求不足、项目本身的环境完整性饱受质疑等问题。与此类似，新机制活动减排量的需求依然是个潜在问题。

根据目前各国已提交的近190份国家自主贡献文件，超过80个国家有意愿使用《公约》下的市场机制，但绝大多数欲出售减排量，欲购买的仅有十多个。加拿大、日本、新西兰、韩国、瑞士和挪威等排放量相对较大的国家欲购买减排量，但大部分未明确需求量，而欧盟和美国表示将不使用市场机制帮助其实现NDC目标。此外，使用别国产生的减排量实现本国的自主贡献目标，从长远来看并不利于本国的低碳或者去碳化发展，这也在一定程度上制约着新机制的使用。

然而，新机制未来使用的潜力仍有望提高。首先，由于 2018 年将进行盘点各国自主贡献力度的促进性对话（facilitative dialogue），可以预见一些国家未来将可能提高行动力度；同时，自 2023 年起，缔约方每五年将重新盘点并不断提高行动力度，这些都提高了新机制使用的潜在可能性。

其次，《巴黎协定》通过当天，新西兰公布了支持《巴黎协定》中的新机制并将协助制定规则的部长级宣言，获得包括澳大利亚、德国等在内的 17 国联名签署。可以看出，尽管一些国家在其自主贡献文件中未直接表明使用《公约》下的市场机制的意愿，甚至有别于该国现有的气候政策①，但实际上支持《公约》下的市场机制的国家仍有可能增加。

再者，由于航空、海运等行业减排对抵消机制的需求，新机制作为国际认可的减排机制将在这些背景下发挥相应作用。国际民航组织正在制定相应的减排市场机制，并拟于 2016 年 9 月公布。基于航空业的发展现状，行业本身产生绝对减排的可能性非常小，预计将纳入抵消机制，从而实现行业的整体减排。国际海运业的情况与国际航空业类似。《巴黎协定》中的新机制生效后无疑将获得这类排放量高、绝对减排空间小、国际互联度高的行业的青睐。

（四）总结

《巴黎协定》纳入新机制内容表明了国际社会对市场机制的认可，明确了市场手段将继续在国际应对气候变化政策行动中发挥作用。新机制作为一种全球认可的国际减排方式，将有助于促进缔约方实现国家自主贡献，制定更有力度的减排承诺，并将进一步促进各国应对气候变化的双边和多边合作。与此同时，新机制有助于航空、海运这类国际互联的行业实现减排目标。

《巴黎协定》只对新机制做出总体框架规定，尚未确定活动领域、核算方法、实施程序、管理制度等内容，涉及的如何避免重复计算、确保减排量的额外性及环境完整性等方面尤为关键，这些都将是未来几年的谈判重点。

---

① 以澳大利亚为例，该国于 2014 年废止了碳定价机制。但在巴黎会议上，其签署了新西兰提出的支持国际碳市场机制的部长宣言，并指出该国企业将来可能使用新机制产生的国际碳信用履约。

二、欧盟碳交易体系

欧盟在世界范围建立了第一个不同国家参与、涵盖多数排放设施并以国家为履约主体的区域性温室气体排放贸易体系——欧盟排放贸易体系（EU ETS）。EU ETS 实施的目标是其覆盖的行业到 2020 年在 2005 年排放基础上减排 21%，到 2030 年减排 43%。EU ETS 的执行分为三个阶段：第一阶段 2005—2007 年，第二阶段 2008—2012 年，第三阶段 2013—2020 年。目前 EU ETS 进入第三阶段，覆盖了欧洲地区 31 个国家排放总量的 45%，配额发放总量超过 20 亿吨二氧化碳/年，涉及世界 17%的化石能源二氧化碳排放。

（一）政策及实施进展

1．2015 年 EU ETS 实施情况

2015 年，EU ETS 按照第三阶段的运行规则继续实施（表 5-3）。第三阶段覆盖电力等行业约 11 000 个重点排放固定设施，以及欧盟境内约 600 个航空运营商（2013—2016 年覆盖），覆盖气体为二氧化碳、氧化亚氮和炼铝产生的全氟化碳三类温室气体。固定设施每年配额总量目标下降 1.74%，即 3 826.4 万吨，2015 年覆盖 11 200 个固定设施，配额总量为 20.07 亿吨，同比下降 1.84%。航空部门总量目标为每年约 2.1 亿吨配额。

欧盟采用免费分配和有偿发放进行配额分配。其中固定设施的免费配额约占 43%，并在欧盟层面统一采用基准线法进行分配。不同行业免费比例不同，如设施关闭或减产，会减少免费配额数量。航空配额的免费比例为 82%，15%用于拍卖，政府预留 3%。欧盟为新进入者（NER）预留相当于第三阶段配额总量 5%的配额，共计约 7.8 亿吨，其中 3 亿吨用于“NER300 项目”，鼓励低碳、新能源等项目建设。2015 年，EU ETS 实际免费分配固定设施配额 7.823 亿吨，分配 NER 配额 1 230 万吨；拍卖普通配额 6.327 亿吨、航空配额 1 639 万吨，自 2012 年到 2015 年 6 月累计实现拍卖收入 89 亿欧元[①]。

① European Commission. Carbon Market Report 2015. 2015.

2015年，经核查，2014年度EU ETS覆盖下的固定设施排放总量约18.12亿吨，航空排放总量约5 490万吨，同比分别减少4.5%和增加2.8%。从遵约来看，2014年度相当于99%以上排放量的配额按时用于遵约，履约率较高。

表 5-3　EU ETS 2015 年实施进展

内容	实施进展
总量目标	• 固定设施配额上限 20.07 亿 t 配额，同比下降 1.84% • 航空配额上限约 2.1 亿 t
覆盖范围	• 11 200 个固定设施，约 600 个航空运营商 • CO_2，NO_2，PFCs
配额分配	• 规则：电力行业 100%拍卖①；碳泄漏行业 100%免费分配；其他工业行业免费比例 65.7%；航空配额的免费比例为 82%，15%用于拍卖，政府预留 3% • 工业行业免费配额为 8.476 亿 t，因设施减产等原因少分配 6 530 万 t • 新进入者配额 1 230 万 t • 拍卖普通配额 6.327 亿 t，拍卖航空配额 1 639 万 t
MRV	• 经核查 2014 年度碳排放报告中仅有 0.2%存在错误；99.5%的设施报告合格 • 2014 年固定设施排放总量约 18.12 亿 t • 2014 年航空排放总量约 5 490 万 t
交易	• 交易品种 EUAs，CERs，ERUs
遵约	• 规则：对超出配额的每吨碳排放处以 100 欧元的罚款 • 相当于约 99%排放量的配额按时用于履约
实施效果	• 2014 年度固定设施的排放总量同比下降 4.5% • 2014 年度航空排放同比增加 2.8%

备注：①欧盟规定，电力行业在部分需实施电力现代化投资建设的国家可给予免费配额，2014 年度有保加利亚、塞浦路斯、捷克等 8 个国家为其电力行业共计分配了约 1 亿 t 免费配额。

来源：European Commission. Carbon Market Report 2015[R]. 2015.

2．欧盟碳市场稳定储备政策

自 2009 年以来，欧盟碳市场配额一直供过于求。从欧盟碳市场 2013—2014 年的碳配额供需情况来看，截至 2014 年年底，欧盟碳市场配额总供给约 59 亿吨，总需求约 38 亿吨，欧盟碳市场面临约 21 亿吨的剩余配额，其中包括从第二阶段结余的配额 17.5 亿吨（图 5-1）。供求失衡致使配额价格大幅下跌，严重损害了欧盟碳市场秩序。

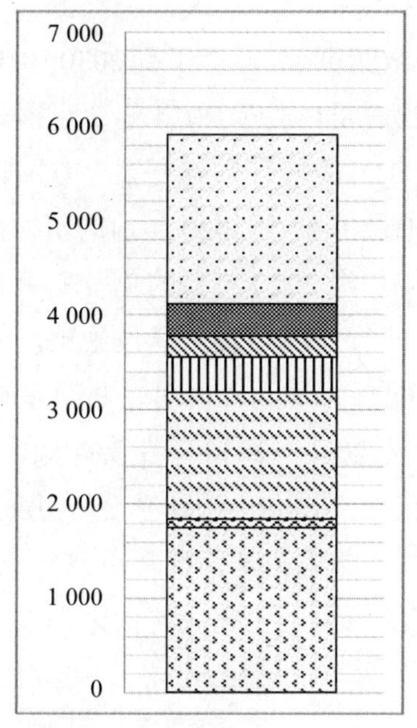

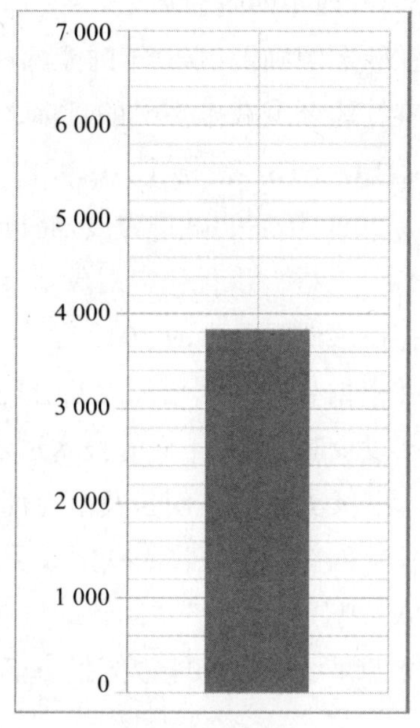

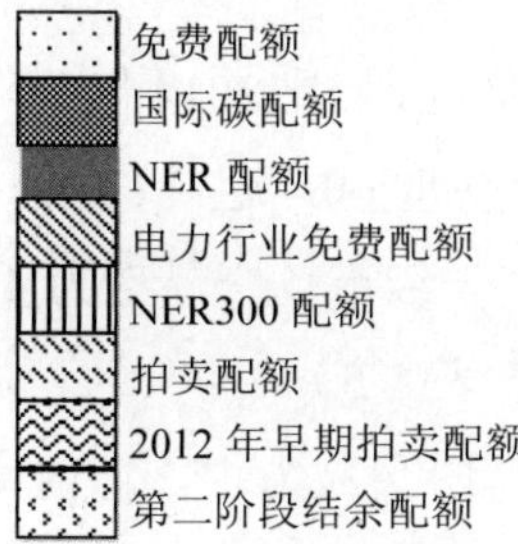

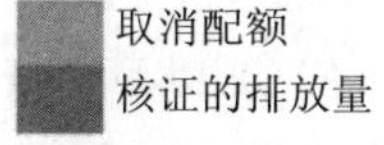

图 5-1　欧盟碳市场总体供需情况（截至 2014 年）　　单位：10^6t

来源：European Commission. Carbon Market Report 2015[R]. 2015.

2015 年 EU ETS 改革之路一波三折，备受关注的碳市场稳定储备方案（MSR）经过反复讨论最终尘埃落定，于 2015 年 9 月获得欧洲议会通过。MSR 方案预计于 2021 年 1 月 1 日起正式实施。MSR 将建立一个配额储备池吸纳过剩配额并延期出售，起到调控市场供需平衡的作用。在 MSR 实施阶段，欧盟将按年度评估配额供需水平，当配额过剩量超过 8.33 亿吨时，储备池下年度将吸纳临时配额；配额过剩量低于 4 亿吨时，储备池下年度将释放临时配额。

3．欧盟第四阶段展望

在欧盟明确了 2030 年的能源和气候政策框架，设立了到 2030 年较 1990 年温室气体至少减排 40%的目标之后，欧盟委员会于 2015 年 7 月据此框架提出了 EU ETS 第四阶段（2021—2030 年）的修订实施方案。方案建议：①提高 2020 年后的减排力度，将固定的减排系数由 2020 年前的 1.74%提高到 2.2%。②进一步优化应对碳泄漏的对策：将 2020 年后的免费配额主要发放于存在碳泄漏风险的 50 个行业，为这些行业新增及扩建设施预留免费配额，并根据生产数据增加灵活分配免费配额的规则；同时，将对基准线进行更新以反映 2008 年后的技术进步；预计 2021—2030 年免费配额约 63 亿吨。③继续支持低碳创新及电力部门现代化，设立“创新基金”，用于支持清洁技术创新；在低收入欧盟成员国继续实施电力部门配额免费分配制度，并建立“现代化基金”共同帮助这些国家的电力企业完成现代化升级改造、扩建能源系统、提高能效等投资活动。

（二）市场综述

2015 年，EU ETS 市场 EUA 交易量为 66.8 亿吨，相比 2014 年下降 25%。其中，一级市场拍卖量为 6.3 亿吨，二级市场交易量 60.4 亿吨；2015 年 EUA 交易额 485.7 亿欧元，略高于 2014 年。其中，一级市场交易额为 48.2 亿欧元，二级市场交易额为 437.5 亿欧元（表 5-4、表 5-5）[①]。

从交易类型来看，2015 年 EUA 交易以场内交易为主，场内交易量为 40.6 亿吨，占全年总交易量的 61%。从各季度交易量来看，第一季度交易量最大，其次是第四季度，第二季度交易量最低（图 5-2）。

表 5-4　2015 年 EUA 交易量按类型分布　　单位：亿 t

2015	一级市场	二级市场		总计
季度	拍卖	场内交易	场外交易	
一季度	1.7	12.7	5.5	19.9
二季度	1.6	8.6	3.5	13.7
三季度	1.5	8.4	5.0	15.0
四季度	1.5	10.8	5.8	18.2

① 数据来源：彭博新能源财经（BNEF）。

表 5-5　2015 年 EUA 交易额按类型分布　　单位：亿欧元

2015	一级市场	二级市场		总计
季度	拍卖	场内交易	场外交易	
一季度	11.6	90.4	28.3	130.3
二季度	11.6	63.5	21.7	96.8
三季度	12.1	67.7	33.9	113.8
四季度	12.8	91.5	40.5	144.7

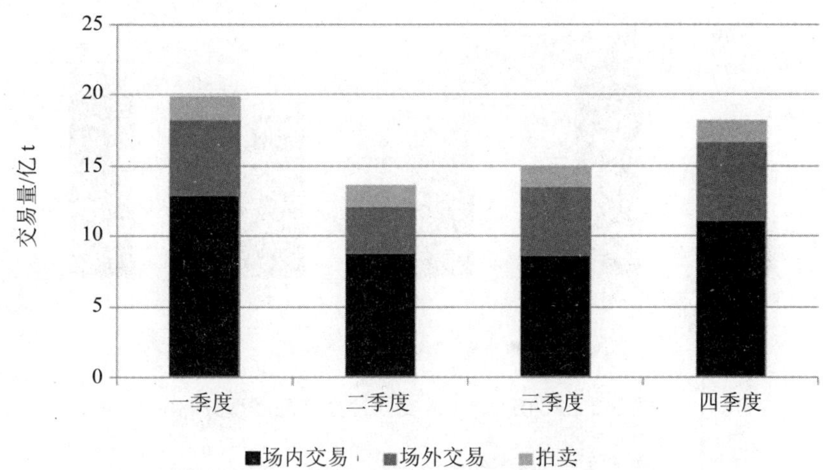

图 5-2　2015 年 EUA 交易量按交易类型分布

从产品类型来看，2015 年 EUA 交易量中期货交易量为 54.2 亿吨，占 EUA 总交易量的 81%，现货和期权交易量分别为 8.4 亿吨和 4.2 亿吨，分别占 13%和 6%（表 5-6、表 5-7、图 5-3）。

表 5-6　2015 年 EUA 交易量按产品类型分布　　单位：亿 t

2015 年	期货	现货	期权	总计
一季度	16.0	2.3	1.7	19.9
二季度	10.9	2.1	0.6	13.7
三季度	12.1	2.1	0.8	15.0
四季度	15.2	1.9	1.1	18.2

表 5-7　2015 年 EUA 交易额按产品类型分布　　单位：亿欧元

季度	期货	现货	期权	总计
一季度	113.6	15.8	0.9	130.3
二季度	81.0	15.6	0.2	96.8
三季度	97.1	16.4	0.2	113.8
四季度	128.4	16.1	0.3	144.7

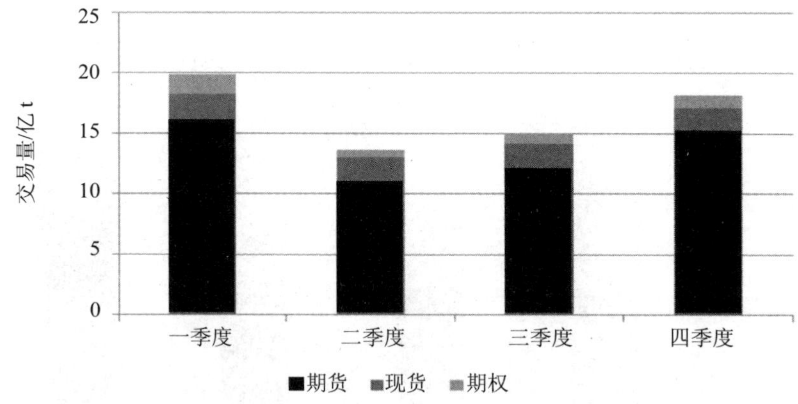

图 5-3　2015 年 EUA 交易量按产品类型分布

从交易价格来看，以期货为例，季度平均交易价格在 2015 年基本保持了稳步增长态势，从第一季度的 7.11 欧元/吨上涨到第四季度的 8.45 欧元/吨；现货季度平均交易价格和期货价格基本保持了类似走势，从第一季度的 6.94 欧元/吨上涨至第四季度的 8.38 欧元/吨（图 5-4）。

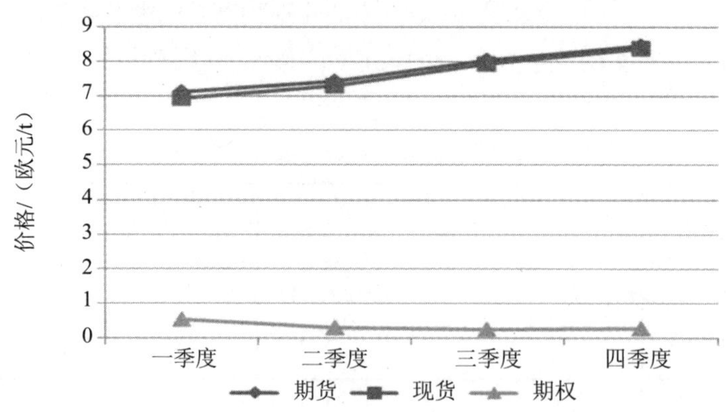

图 5-4　2015 年 EUA 不同产品季度交易均价

总体来看，受欧盟经济复苏乏力、EUA 严重过剩等因素影响，EUA 交易量相对于上年下降明显。然而，随着 EU ETS 市场稳定储备方案（MSR）获得欧洲议会通过等利好刺激，EUA 期货量价齐升，市场反应明显。预计 2016 年，欧盟碳市场活跃度相对于 2015 年将进一步提升。

三、北美碳市场

北美目前的碳交易体系主要包括美国西部气候行动（WCI）、美国和加拿大的加州-魁北克省碳交易体系以及美国东部的区域温室气体减排行动（RGGI）。

（一）美国西部气候行动（WCI）

WCI 是由美国西部多个州和加拿大若干省份于 2007 年发起的，旨在区域层面制定并执行应对气候变化政策的自愿性组织。WCI 于 2008 年制定了碳交易机制，并公布了相关细则，以期实行区域碳交易体系，成为减排的重要手段[①]。

WCI 成立之初有 11 个成员，分别为美国的加利福尼亚州（加州）、华盛顿州、奥尔良州、亚利桑那州、蒙大拿州、犹他州和新墨西哥州，以及加拿大的魁北克省、安大略省、曼尼托巴省和西属哥伦比亚省。WCI 制定的区域碳交易体系并未如期于 2013 年开始实施。

2015 年 WCI 共有 5 个成员，分别为加州、魁北克省、安大略省、曼尼托巴省和西属哥伦比亚省。其中，加州和魁北克省于 2013 年 1 月 1 日分别开始实行碳交易体系；不列颠哥伦比亚省从 2008 年开始实施碳税制度，2015 年碳税的价格与 2012 年相当，为 23 美元/吨[②]。其他两个成员并未采取碳定价措施，但均在 2015 年宣布了相关计划，安大略省将在 2017 年实行碳交易体系，并在 2018 年与加州-魁北克省碳交易体系连接[③]；曼尼托巴省将采

① WCI 碳交易体系设计介绍. http：//www.westernclimateinitiative.org/the-wci-cap-and-trade-program.

② 西属哥伦比亚省碳税评估．http：//www.fin.gov.bc.ca/tbs/tp/climate/carbon_tax_review_topic_box.pdf.

③ 安大略省宣布采用碳交易机制．https：//news.ontario.ca/opo/en/2015/04/cap-and-trade-system-to-limit-greenhouse-gas-pollution-in-ontario.html.

用与加州-魁北克省连接的碳交易体系，作为实现到 2030 年该省的温室气体排放量在 2005 年基础上减少 1/3 的目标的重要手段，但未公布细节[①]。

（二）加州–魁北克省碳市场

加州-魁北克省碳交易体系分为 2013—2014 年、2015—2017 年、2018 — 2020 年三个履约期，两者于 2014 年 1 月正式连接，并于同年 11 月进行了第一次配额联合拍卖。

1．2015 年政策进展及市场运行

2015 年 1 月 1 日，加州-魁北克省碳交易体系进入第二履约期，纳入的行业范围在电力和工业基础上，增加了运输燃料、天然气销售业[②]，覆盖的排放量由 1.65 亿吨增加至 4.03 亿吨二氧化碳当量，占总排放量的比例由 30% 上升至 85%。随着覆盖范围的扩大，一级市场和二级市场的交易量也显著增长。2015 年共进行配额拍卖 4 次[③]，总交易量为 3.4 亿吨，较上一年增加了 1.86 倍（表 5-8）。拍卖的配额包括 2015 年和 2018 年两种。2015 年配额的结算价格在 12.21～12.73 美元/吨，交易量 2.99 亿吨；2018 年配额的结算价格稍低于 2015 年，为 12.10～12.65 美元/吨，交易量 0.42 万吨。二级市场的交易量为 3.34 亿吨[④]，较上一年增加了 92%，价格在 13 美元/吨左右。

表 5-8　2015 年加州-魁北克省碳市场联合拍卖情况

拍卖时间	2015 年配额交易量/万 t	2015 年配额结算价格/（美元/t）	2015 年配额拍卖收入/亿美元	2018 年配额交易量/万 t	2018 年配额结算价格/（美元/t）	2018 年配额拍卖收入/亿美元
2015 年 2 月	7 361	12.21	8.99	1 043	12.10	1.26
2015 年 5 月	7 693	12.29	9.45	981	12.10	1.19
2015 年 8 月	7 343	12.52	9.19	1 043	12.30	1.28
2015 年 11 月	7 511	12.73	9.56	1 043	12.65	1.32
合计/平均价格	29 908	12.44	37.20	4 111	12.29	5.05

① 曼尼托巴省应对气候变化整体规划. http：//news.gov.mb.ca/news/index.html？item= 36950&posted= 2015-12-03.

② 加州-魁北克省碳交易体系规则. http：//www.arb.ca.gov/cc/capandtrade/capandtrade/unofficial_c&t_012015.pdf.

③ 加州-魁北克省碳交易体系联合拍卖情况. http：//www.arb.ca.gov/cc/capandtrade/auction/auction.htm.

④ 根据彭博数据整理。

2．2013—2014 年履约情况

2015 年 12 月加州①和魁北克省②分别公布了 2013—2014 年第一个履约期的履约情况③。2013 年度和 2014 年度，加州碳市场纳入的法人实体（legal entities）共计 263 家，排放量合计 2.91 亿吨二氧化碳当量，法人实体可上缴配额或抵消机制产生的减排量进行履约，2013—2014 年履约率为 99.8%，其中减排量占 4.4%。同期，魁北克省碳市场纳入法人实体 55 家，实际排放量为 0.37 亿吨二氧化碳当量，履约率 100%，其中，减排量占 0.81%（表 5-9）。

表 5-9　2013—2014 年加州和魁北克碳市场履约情况

	排放量/万 t CO_2e	履约总量/万 t	履约率①	配额履约/万 t	抵消机制减排量履约/万 t CO_2e	抵消机制减排量履约占比
加州碳市场	29 121	29 071	99.80%	27 794	1 277	4.39%
魁北克碳市场	3 666	3 666	100%	3 637	30	0.81%

注：①履约率指履约总量与排放量的比例。

（三）区域温室气体减排行动（RGGI）

1．RGGI 综述

区域温室气体减排行动（RGGI）由美国东部康涅狄格、特拉华、缅因、马里兰、马萨诸塞、新罕布什尔、纽约、新泽西、罗得岛和佛蒙特十个州于 2007 年发起④，是美国第一个强制性的、基于市场的减排机制倡议，目标是到 2018 年将电力行业的碳排放量在 2009 年基础上减少 10%。机制设定了区域共同的及各州分别的减排目标和排放上限，并且允许各州的碳交易体系有自己的特点。RGGI 分为 2009—2011 年、2012—2014 年、2015—2017 年和 2018—2020 年四个履约期。RGGI 纳入电厂的标准为装机容量

① 加州碳市场 2013—2014 年履约情况. http：//www.arb.ca.gov/cc/capandtrade/capandtrade.htm.

② 魁北克省碳市场 2013—2014 年履约情况. http：//www.mddelcc.gouv.qc.ca/changements/carbone/couverture-emissions/Rapport-conformite2014-en.pdf.

③ 尽管加州和魁北克碳市场已正式连接，但是履约工作仍在两个行政辖区内分别进行，由相关主管部门分别统计。

④ 新泽西州已于 2011 年退出 RGGI。

25 MW 以上的火力发电厂，配额绝大多数通过每季度拍卖的形式发放，拍卖收入用于投资提高能效、使用可再生能源技术等各类计划中。

2．2015 年政策进展

RGGI 在 2012 年对体系进行了全面审查和评估，由于第一期配额过量且企业可以存储未利用配额，因此调整了接下来每年的排放上限，包括将 2015 年的上限由 8 873 万短吨[①]下调至 6 683 万短吨，并从 2015 年开始到 2020 年碳排放量上限逐年下降 2.5%，以稳定碳市场价格。从 2015 年开始，每个履约期的第一、二年设定为临时控制期（interim control period），控排电厂需在每个临时控制期结束时持有当年 50%的配额，第三年控制期结束时进行正常履约，此举是为了防止控排企业以破产为理由不进行履约，2015 年仅有一家控排企业由于关停而未在本年末持有该年度 50%的配额。

3．2015 年市场情况

2015 年 RGGI 共举行了 4 次公开拍卖[②]，除第三次拍卖中包括 1 000 万短吨成本控制储备配额（cost containment reserve allowances，CCR）[③]外，其他均为当期配额。四次公开拍卖的配额均被全部认购，总交易量为 7 153 万短吨，较上一年减少 8%；结算均价为 6.10 美元/短吨，较上一年提高 29%；总收入 4.36 亿美元，较上一年提高 19%。四次公开拍卖的结算价格呈上升趋势，分别为 5.41 美元/短吨、5.50 美元/短吨、6.02 美元/短吨、7.50 美元/短吨（表 5-10）。二级市场的交易量为 2.06 亿吨，较上一年增加了一倍，价格呈上升趋势。

2015 年 6 月，RGGI 公布了 2012—2014 年的履约情况[④]，该履约期纳入了 167 座电厂，其中 161 座完成履约，履约率为 96%；履约期平均每年的二氧化碳排放量为 8 800 万短吨，较 2005 年下降超过 40%。

① 1 短吨=907.2 kg。

② RGGI 2015 年配额拍卖情况. http：//www.rggi.org/market/co2_auctions/results.

③ 成本控制储备是 RGGI 的一项市场调节手段，在配额超过某一价格限度时，额外供应配额即成本控制储备配额。2015 年的价格限度为 6 美元、2016 年为 8 美元、2017 年为 10 美元，此后每年提高 2.5%；成本控制储备配额供应量的上限自 2015 年开始为 1 000 万吨。

④ RGGI 2012—2014 年履约情况. http：//www.rggi.org/docs/PressReleases/PR060215_Final_SCP_Compliance.pdf.

表 5-10　2015 年 RGGI 拍卖情况

拍卖时间	交易量/万短吨	结算价格/（美元/短吨）	收入/万美元
2015 年 3 月	1 527	5.41	8 263
2015 年 6 月	1 551	5.50	8 529
2015 年 9 月	2 537	6.02	15 275
2015 年 12 月	1 537	7.50	11 531

2016 年，RGGI 主管部门将对体系再次进行全面审查和评估，将考虑如何配合《清洁安全能源法案》中设定的相关目标。根据 2015 年 11 月的文件[①]，将对成本控制储备机制、抵消机制、新成员的纳入及体系的诸多技术细节进行评估及改进。

四、韩国碳市场

2010 年 1 月，韩国政府颁布了《低碳绿色增长基本法》，设定了到 2020 年温室气体排放比“趋势照常情景（BAU）”减少 30%的目标，并提出采用“总量控制与贸易”形式的碳排放权交易机制为主要手段实现排放目标。该法案为韩国实行碳排放权交易体系提供了法律基础。2012 年 5 月韩国国会以接近全票通过全国碳排放权交易体系法案；同年 11 月，韩国内阁批准了全国碳排放权交易体系的实施细则。2015 年 1 月 12 日，韩国碳市场正式启动。

（一）基本信息

韩国碳市场分为 2015—2017 年、2018—2020 年、2021—2026 年三个履约期，碳交易体系的总量目标和覆盖范围等规定见表 5-11。

① 2016 年 RGGI 会议安排及材料. http：//www.rggi.org/design/2016-program-review/rggi-meetings.

表 5-11　韩国碳排放权交易体系

覆盖的温室气体种类	CO_2，CH_4，N_2O，HFC，PFC，SF_6
总量目标	第一期：16.87 亿 t，其中包括预留配额 8 900 万 t 用于稳定市场及发放给新增企业；第二、三期的总量目标未公布； 2015 年：5.73 亿 t；2016 年：5.62 亿 t；2017 年：5.51 亿 t
覆盖行业	电力、钢铁、水泥、石化、冶炼、公共建筑、废弃物处理及航空行业的 23 个子行业
纳入数量及标准	纳入企业实体[①]（business entities）：525 家，包括 5 家国内航空公司；纳入标准：年二氧化碳当量排放量超过（含）12.5 万 t 的企业（companies）、及年二氧化碳当量排放量超过（含）2.5 万 t 的设施（installations）
配额计算	基准线法：炼油、水泥熟料和航空 3 个子行业； 历史法：除采用基准线法子行业外的其他 20 个子行业
配额分配	第一期：100%免费发放，且一次性发放三年配额； 第二期：97%免费发放，3%拍卖； 第三期：少于 90%免费发放，超过 10%拍卖； 高耗能及受国际贸易影响大的企业（energy intensive and trade exposed）在各履约期均获得配额 100%免费发放
配额存储和借入	存储：允许在同一履约期内或至下一履约期第一年存储配额，存储量无限制； 借入：允许借入同一履约期内的配额用于履约，借入量不超过当年排放量的 10%
抵消机制减排量使用	第一期和第二期 使用量：不超过配额量的 10%； 抵消机制项目要求：仅限于韩国国内、由非控排企业实行、达到国际抵消机制项目 CDM 标准；可撤销已注册的相关的 CDM 项目； 第三期[②]：允许抵消机制减排量 50%来自国际抵消机制项目
MRV	纳入企业实体每年[③]3 月底前提交上一履约年度的排放报告，排放量需由第三方核证，韩国环境部认证委员会（Certification Committee）于 5 月底前对排放报告进行确认
处罚措施	对于未缴齐的配额，在不超过 10 万韩元范围内，按不超过当年配额均价 3 倍的价格进行罚款
相关部门	主管部门：韩国环境部； 交易机构：韩国交易所（Korea Exchange）； 投资机构：韩国发展银行、韩国工业银行和韩国进出口银行

① 纳入的企业实体属于碳排放权交易体系覆盖的行业，或者运营的部分业务属于覆盖的行业。

② 韩国未公布第三期抵消机制减排量的使用量。

③ 2015 年是第一个履约年，因此纳入企业实体 2016 年 3 月底前第一次提交排放报告。

（二）市场运行

2015 年韩国碳市场无任何政策更新。市场方面，2015 年配额市场的交易产品为 2015 年、2016 年和 2017 年的配额。从 2015 年 1 月初开市到年底，配额市场仅有 7 个交易日活跃，成交的交易产品均为 2015 年的配额（KAU15），总成交量 32 万吨，均价 9.37 美元/吨[①]；KAU15 挂牌价格全年呈稳步上涨态势，由年初 7.79 美元/吨涨到年末 9.84 美元/吨（图 5-5）。

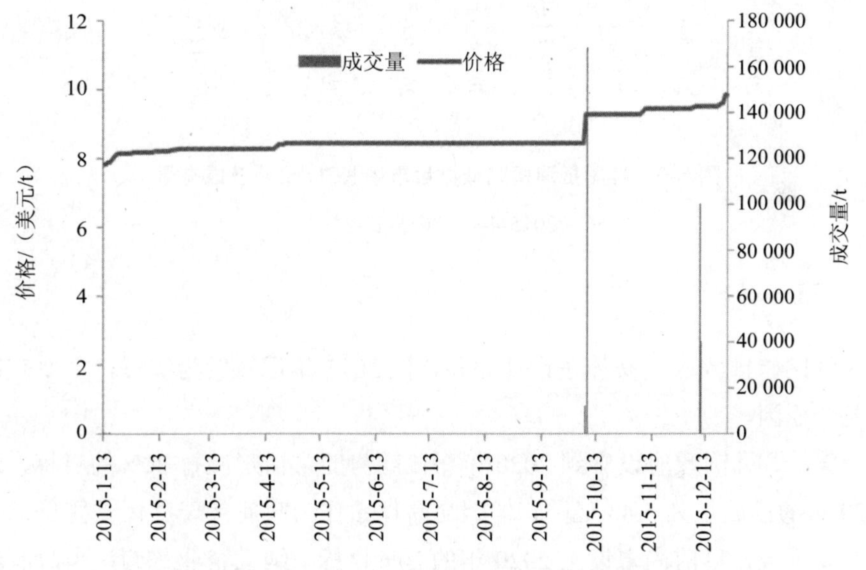

图 5-5　韩国碳市场 2015 年配额价格及成交量

（2015-1-13—2015-12-31）

抵消机制减排量市场的线上交易产品为韩国碳单位（Korean Carbon Units，KCUs），交易量为 89.1 万吨，交易额为 796.7 万美元，均价为 8.97 美元/吨。挂牌价范围为 8.3～11.26 美元/吨（图 5-6）。

① 本篇中韩元兑美元汇率均采用撰稿日 2016 年 1 月 15 日的汇率，即 1∶0.000 82。

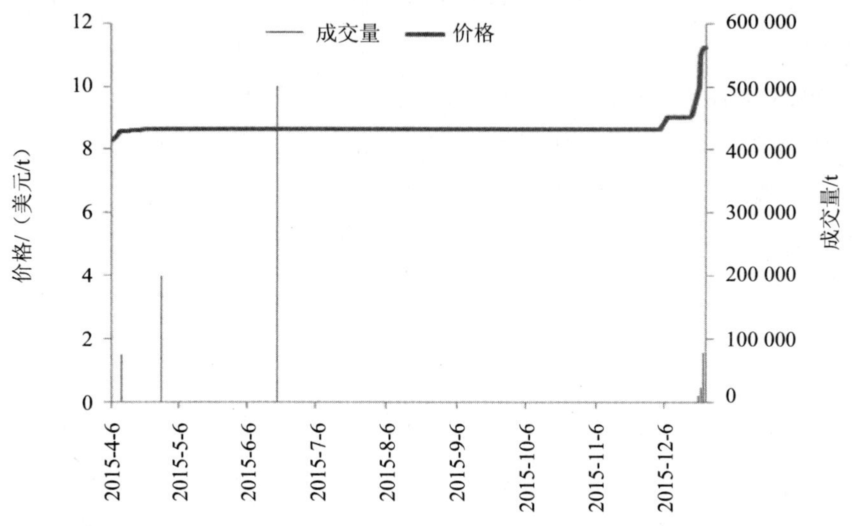

图 5-6　韩国抵消机制减排量市场 KCU 价格及成交量

（2015-4-6—2015-12-31）

（三）分析

韩国碳排放权交易体系设计完善，但 2015 年运转较为缓慢，主要有以下几个原因。

第一，韩国政府设立到 2020 年相比趋势照常情形减排 30%的目标，即 2020 年的排放量为 5.43 亿吨，但碳交易体系作为政府实现整体减排目标的最重要手段，目前尚未设定 2020 年的总量目标。纳入企业普遍认为政府设定的 2020 年减排目标缺乏可行性，且碳市场并不能帮助实现这一目标，因此他们认为政府应该修改减排目标并采用其他措施，从而对碳市场持观望态度、缺少入市动力。

第二，尽管绝大多数行业配额计算采用历史法，且配额 100%免费发放，但韩国环境部并未公布具体的配额计算方法以及每家纳入企业获得的配额数量，许多企业宣称并未获得足够配额。2015 年 5 月，韩国全国经济人联合会与产业界要求政府重新分配配额；并且 50 多家企业向政府提起诉讼，称配额计算有误，要求政府发放更多的配额，并释放预留配额。总体看，配额的普遍短缺造成配额市场缺少出售方。

第三，韩国碳市场中 10 家企业[①]的排放量占体系覆盖总量的 75%，其中韩国电力公司（KEPCO）和韩国浦项钢铁公司（POSCO）两家企业的排放量占覆盖总量的 50%。大量配额高度集中于少数几家企业，他们可以根据自身配额情况在下属企业之间做调剂，而不用到交易市场参与交易，这极大影响了市场的流动性。

第四，企业的上诉增加了碳交易体系的不确定性，使企业对碳交易体系失去信心，增加了企业和主管部门的敌对情绪，制约了体系的发展。[②] 2015 年 12 月，韩国法院宣布韩国现代钢铁集团关于要求韩国环境部增加该企业配额的上诉败诉，这是韩国国内关于配额问题的第一例宣判结果，其他类似案件在审理过程中。

第五，在第一履约期，韩国碳市场除了三家国有银行外，不允许金融机构及个人投资者参与，交易主体不够多元在一定程度上制约了交易市场活跃度。

韩国碳市场允许控排企业使用不超过配额量 10%的抵消机制减排量用于履约。抵消机制项目产生的减排量需先签发为韩国抵消信用（Korean offset credits，KOCs），再转化为韩国碳单位（Korean carbon units，KCUs）才能用于履约。减排量签发为 KOCs 由项目业主发起，韩国环保部批准，KOCs 只能在场外交易；KOCs 转化为 KCUs 的过程只能由控排企业和纳入碳交易体系的三家银行发起，由韩国环境部批准，KCUs 可以在韩国交易所（KRX）挂牌交易，并且最终用于履约。总体来看，由于在第一、二履约期，减排量来源必须是韩国境内的项目，因此可用的减排量有限，基本来自撤销注册的 CDM 项目。从挂牌交易的 KCUs 的成交价格来看，与配额价格持平。

韩国碳交易体系的设计借鉴了其他碳交易体系的优良经验，但企业、行业及相关政府部门的较强反对情绪也是前所未有的。由于 2015 年韩国碳市场整体运转停滞，预计 2016 年韩国将采取相关措施修改管理制度、增加配额量及抵消机制减排量，以提高控排企业积极性及市场流动性。

① 部分企业为集团性质，实际纳入的是集团下属的企业。

② 韩国现代钢铁企业集团要求增加配额败诉. http：//www.koreaherald.com/view.php？ud=20151217001109.

五、日本碳市场

（一）碳交易市场

在《京都议定书》时代，日本就建立起地区性的基于强制总量与配额体系的排放权交易市场。2010 年 4 月，东京都总量限制交易体系作为亚洲首个碳交易体系正式启动，这既是日本首个地区级的碳交易体系，也是全世界第一个城市总量限制交易计划。该体系的覆盖范围包括 1 400 个场所（包括 1 100 个商业设施和 300 个工厂），占东京总排放量的 20%。东京都确立温室气体减排目标是到 2020 年比 2000 年排放水平下降 25%，其中，配额总量目标在第一履约期（2010—2014 年）较基准排放下降 6%，第二履约期（2015—2019 年）较基础排放下降 17%左右。东京都碳市场对未按时履约设施实施较严格的惩罚措施，覆盖设施若未在第一阶段足量缴还配额，在第二阶段将扣除其 1.3 倍的短缺配额。覆盖设施还可通过东京都以外的项目级减排信用额和可再生能源配额（RECs）来实现履约。东京都碳市场运行四年来，控排企业间鲜有交易，且缺乏交易场所，更多是由中间商完成交易，东京都政府并未公布买卖方、配额价格等信息。东京都碳排放权交易体系减排效果显著。在第一期（2010—2014 财政年）内，2014 财政年排放量 1 027 万吨，较基准年（2002—2007 年）的平均排放量 1 363 万吨下降了 25%，较 2010 财政年的 1 182 万吨下降了 11%。截至 2016 年 2 月底，90%以上纳入体系的设施（facilities）完成了第一期的减排目标，有 76%的设施已完成第二期的减排目标。减排效果显著主要是由于 2011 年日本大地震引发能源危机后，政府及企业采取了一系列节能措施，比如政府提高了夏季空调房温度标准、大量安装 LED 灯、引进高能效的动力设备等[①]。在东京都碳市场的带动下，东京邻近的埼玉县（Saitama）在 2011 年 4 月也已启动了总量-交易（cap-trade）计划。作为日本第 5 大县，埼玉县成为继东京之后，第二个引进强制碳排放权交易系统的地方行政部门。

① 来源：东京都政府官网，https://www.kankyo.metro.tokyo.jp/en/climate/cap_and_trade.html。

（二）项目级减排市场

在 2013 年开启后京都时代后，日本退出国际多边减排机制，转而启动了与发展中国家的双边抵消信用机制（BOCM），以此替代清洁发展机制（CDM）履行其 2020 年减排目标。同时，通过实施 BOCM，日本还意在发展其低碳技术、产品和服务的出口业务。日本企业将在签约国出资建设减排项目并赚取减排量抵消其国内排放。BOCM 又被称为联合信用机制（JCM），本质上与 CDM 机制类似，都是基于项目级自愿减排交易机制，在执行方式和技术实施上两者又存在差异。

在 JCM 机制下，日本于 2013 年 1 月与蒙古签署了第一份双边协议，截至 2015 年 12 月 31 日，与日本签署双边机制的国家已有 13 个，包括蒙古、孟加拉国、埃塞俄比亚、肯尼亚和马尔代夫等，正在谈判待签署协议的国家 3 个（智利、缅甸和泰国）。截至 2015 年 12 月 31 日，已注册 JCM 的项目为 8 个，正在 JCM 审定中的项目为 4 个（表 5-12），目前尚无 JCM 项目获得签发。

表 5-12　2015 年日本 JCM 机制项目注册情况汇总

状态	编号	名称	注册日期	减排量/（万 t/a）	东道国
注册	ID001	空调高效制冷系统节能项目	2014-10-31	11.4	印度尼西亚
注册	VN001	数字系统节能运输项目	2015-8-4	29.6	越南
注册	PW001	小型太阳能商业利用项目	2015-4-21	22.7	帕劳
注册	MN001	高效锅炉取暖利用项目	2015-6-30	9.2	蒙古
注册	ID002	高效运输与冷藏项目	2015-3-29	12	印度尼西亚
注册	VN002	医院提升绿色高效环境项目	2015-11-30	51.5	越南
注册	MN002	锅炉集中供热系统项目	2015-7-30	20.6	蒙古
注册	ID003	食品厂高效运输与冷藏项目	2015-3-29	2.1	印度尼西亚
审定中	VN003	越南低碳酒店项目	—	28.4	越南

状态	编号	名称	注册日期	减排量/（万 t/a）	东道国
审定中	ID004	空调高效制冷系统节能项目	—	16.1	印度尼西亚
审定中	ID005	空调高效制冷系统节能项目（二期）	—	14	印度尼西亚
审定中	ID006	商场空调、照明和冷藏系统改造项目	—	11.7	印度尼西亚

数据来源：日本 JCM 机制官网。

参考文献

[1] UNFCCC. Kyoto Protocol [Z]. 1997.

[2] UNFCCC. Marrakech Accords [Z]. 2001.

[3] UNFCCC. Paris Agreement [Z]. 2015.

[4] IETA. Case Study of Japan ETS [R]. 2015.

[5] 欧盟委员会. EU ETS 后 2020 年改革立法提案[R]. 2015.

[6] European Commission. Carbon Market Report 2015[R]. 2015.

[7] CCER，Wuppertal Institute for Climate，Environment and Energy. Carbon Markets after Paris：How to Account for the Transfer of Mitigation Results？

[8] 西属哥伦比亚省碳税评估. http：//www.fin.gov.bc.ca/tbs/tp/climate/carbon_tax_review_topic_box.pdf.

[9] 魁北克省碳市场 2013—2014 年履约情况. http：//www.mddelcc.gouv.qc.ca/changements/carbone/couverture-emissions/Rapport-conformite2014-en.pdf.

[10] 东京都环保局. 东京都碳市场减排评估报告[R]. 2015.

附　件

附件 1：《碳排放权交易管理暂行办法》

第一章　总　则

第一条　为推进生态文明建设，加快经济发展方式转变，促进体制机制创新，充分发挥市场在温室气体排放资源配置中的决定性作用，加强对温室气体排放的控制和管理，规范碳排放权交易市场的建设和运行，制定本办法。

第二条　在中华人民共和国境内，对碳排放权交易活动的监督和管理，适用本办法。

第三条　本办法所称碳排放权交易，是指交易主体按照本办法开展的排放配额和国家核证自愿减排量的交易活动。

第四条　碳排放权交易坚持政府引导与市场运作相结合，遵循公开、公平、公正和诚信原则。

第五条　国家发展和改革委员会是碳排放权交易的国务院碳交易主管部门（以下称国务院碳交易主管部门），依据本办法负责碳排放权交易市场的建设，并对其运行进行管理、监督和指导。

各省、自治区、直辖市发展和改革委员会是碳排放权交易的省级碳交易主管部门（以下称省级碳交易主管部门），依据本办法对本行政区域内的碳排放权交易相关活动进行管理、监督和指导。

其他各有关部门应按照各自职责，协同做好与碳排放权交易相关的管理工作。

第六条 国务院碳交易主管部门应适时公布碳排放权交易纳入的温室气体种类、行业范围和重点排放单位确定标准。

第二章 配额管理

第七条 省级碳交易主管部门应根据国务院碳交易主管部门公布的重点排放单位确定标准，提出本行政区域内所有符合标准的重点排放单位名单并报国务院碳交易主管部门，国务院碳交易主管部门确认后向社会公布。

经国务院碳交易主管部门批准，省级碳交易主管部门可适当扩大碳排放权交易的行业覆盖范围，增加纳入碳排放权交易的重点排放单位。

第八条 国务院碳交易主管部门根据国家控制温室气体排放目标的要求，综合考虑国家和各省、自治区和直辖市温室气体排放、经济增长、产业结构、能源结构，以及重点排放单位纳入情况等因素，确定国家以及各省、自治区和直辖市的排放配额总量。

第九条 排放配额分配在初期以免费分配为主，适时引入有偿分配，并逐步提高有偿分配的比例。

第十条 国务院碳交易主管部门制定国家配额分配方案，明确各省、自治区、直辖市免费分配的排放配额数量、国家预留的排放配额数量等。

第十一条 国务院碳交易主管部门在排放配额总量中预留一定数量，用于有偿分配、市场调节、重大建设项目等。有偿分配所取得的收益，用于促进国家减碳以及相关的能力建设。

第十二条 国务院碳交易主管部门根据不同行业的具体情况，参考相关行业主管部门的意见，确定统一的配额免费分配方法和标准。

各省、自治区、直辖市结合本地实际，可制定并执行比全国统一的配额免费分配方法和标准更加严格的分配方法和标准。

第十三条 省级碳交易主管部门依据第十二条确定的配额免费分配方法和标准，提出本行政区域内重点排放单位的免费分配配额数量，报国务院碳交易主管部门确定后，向本行政区域内的重点排放单位免费分配排放配额。

第十四条 各省、自治区和直辖市的排放配额总量中，扣除向本行政区域内重点排放单位免费分配的配额量后剩余的配额，由省级碳交易主管部门用于有偿分配。有偿分配所取得的收益，用于促进地方减碳以及相关的能力建设。

第十五条 重点排放单位关闭、停产、合并、分立或者产能发生重大变化的，省级碳交易主管部门可根据实际情况，对其已获得的免费配额进行调整。

第十六条 国务院碳交易主管部门负责建立和管理碳排放权交易注册登记系统（以下称注册登记系统），用于记录排放配额的持有、转移、清缴、注销等相关信息。注册登记系统中的信息是判断排放配额归属的最终依据。

第十七条 注册登记系统为国务院碳交易主管部门和省级碳交易主管部门、重点排放单位、交易机构和其他市场参与方等设立具有不同功能的账户。参与方根据国务院碳交易主管部门的相应要求开立账户后，可在注册登记系统中进行配额管理的相关业务操作。

第三章 排放交易

第十八条 碳排放权交易市场初期的交易产品为排放配额和国家核证自愿减排量，适时增加其他交易产品。

第十九条 重点排放单位及符合交易规则规定的机构和个人（以下称交易主体），均可参与碳排放权交易。

第二十条 国务院碳交易主管部门负责确定碳排放权交易机构并对其业务实施监督。具体交易规则由交易机构负责制定，并报国务院碳交易主管部门备案。

第二十一条 第十八条规定的交易产品的交易原则上应在国务院碳交易主管部门确定的交易机构内进行。

第二十二条 出于公益等目的，交易主体可自愿注销其所持有的排放配额和国家核证自愿减排量。

第二十三条 国务院碳交易主管部门负责建立碳排放权交易市场调节机制，维护市场稳定。

第二十四条 国家确定的交易机构的交易系统应与注册登记系统连接，实现数据交换，确保交易信息能及时反映到注册登记系统中。

第四章　核查与配额清缴

第二十五条　重点排放单位应按照国家标准或国务院碳交易主管部门公布的企业温室气体排放核算与报告指南的要求，制订排放监测计划并报所在省、自治区、直辖市的省级碳交易主管部门备案。

重点排放单位应严格按照经备案的监测计划实施监测活动。监测计划发生重大变更的，应及时向所在省、自治区、直辖市的省级碳交易主管部门提交变更申请。

第二十六条　重点排放单位应根据国家标准或国务院碳交易主管部门公布的企业温室气体排放核算与报告指南，以及经备案的排放监测计划，每年编制其上一年度的温室气体排放报告，由核查机构进行核查并出具核查报告后，在规定时间内向所在省、自治区、直辖市的省级碳交易主管部门提交排放报告和核查报告。

第二十七条　国务院碳交易主管部门会同有关部门，对核查机构进行管理。

第二十八条　核查机构应按照国务院碳交易主管部门公布的核查指南开展碳排放核查工作。重点排放单位对核查结果有异议的，可向省级碳交易主管部门提出申诉。

第二十九条　省级碳交易主管部门应当对以下重点排放单位的排放报告与核查报告进行复查，复查的相关费用由同级财政予以安排：

（一）国务院碳交易主管部门要求复查的重点排放单位；

（二）核查报告显示排放情况存在问题的重点排放单位；

（三）除（一）、（二）规定以外一定比例的重点排放单位。

第三十条　省级碳交易主管部门应每年对其行政区域内所有重点排放单位上年度的排放量予以确认，并将确认结果通知重点排放单位。经确认的排放量是重点排放单位履行配额清缴义务的依据。

第三十一条　重点排放单位每年应向所在省、自治区、直辖市的省级碳交易主管部门提交不少于其上年度经确认排放量的排放配额，履行上年度的配额清缴义务。

第三十二条　重点排放单位可按照有关规定，使用国家核证自愿减排量抵消其部分经确认的碳排放量。

第三十三条 省级碳交易主管部门每年应对其行政区域内重点排放单位上年度的配额清缴情况进行分析，并将配额清缴情况上报国务院碳交易主管部门。国务院碳交易主管部门应向社会公布所有重点排放单位上年度的配额清缴情况。

第五章 监督管理

第三十四条 国务院碳交易主管部门应及时向社会公布如下信息：纳入温室气体种类，纳入行业，纳入重点排放单位名单，排放配额分配方法，排放配额使用、存储和注销规则，各年度重点排放单位的配额清缴情况，推荐的核查机构名单，经确定的交易机构名单等。

第三十五条 交易机构应建立交易信息披露制度，公布交易行情、成交量、成交金额等交易信息，并及时披露可能影响市场重大变动的相关信息。

第三十六条 国务院碳交易主管部门对省级碳交易主管部门业务工作进行指导，并对下列活动进行监督和管理：

（一）核查机构的相关业务情况；

（二）交易机构的相关业务情况。

第三十七条 省级碳交易主管部门对碳排放权交易进行监督和管理的范围包括：

（一）辖区内重点排放单位的排放报告、核查报告报送情况；

（二）辖区内重点排放单位的配额清缴情况；

（三）辖区内重点排放单位和其他市场参与者的交易情况。

第三十八条 国务院碳交易主管部门和省级碳交易主管部门应建立重点排放单位、核查机构、交易机构和其他从业单位和人员参加碳排放交易的相关行为信用记录，并纳入相关的信用管理体系。

第三十九条 对于严重违法失信的碳排放权交易的参与机构和人员，国务院碳交易主管部门建立“黑名单”并依法予以曝光。

第六章 法律责任

第四十条 重点排放单位有下列行为之一的，由所在省、自治区、直辖市的省级碳交易主管部门责令限期改正，逾期未改的，依法给予行政处罚。

（一）虚报、瞒报或者拒绝履行排放报告义务；

（二）不按规定提交核查报告。

逾期仍未改正的，由省级碳交易主管部门指派核查机构测算其排放量，并将该排放量作为其履行配额清缴义务的依据。

第四十一条 重点排放单位未按时履行配额清缴义务的，由所在省、自治区、直辖市的省级碳交易主管部门责令其履行配额清缴义务；逾期仍不履行配额清缴义务的，由所在省、自治区、直辖市的省级碳交易主管部门依法给予行政处罚。

第四十二条 核查机构有下列情形之一的，由其注册所在省、自治区、直辖市的省级碳交易主管部门依法给予行政处罚，并上报国务院碳交易主管部门；情节严重的，由国务院碳交易主管部门责令其暂停核查业务；给重点排放单位造成经济损失的，依法承担赔偿责任；构成犯罪的，依法追究刑事责任。

（一）出具虚假、不实核查报告；

（二）核查报告存在重大错误；

（三）未经许可擅自使用或者公布被核查单位的商业秘密；

（四）其他违法违规行为。

第四十三条 交易机构及其工作人员有下列情形之一的，由国务院碳交易主管部门责令限期改正；逾期未改正的，依法给予行政处罚；给交易主体造成经济损失的，依法承担赔偿责任；构成犯罪的，依法追究刑事责任。

（一）未按照规定公布交易信息；

（二）未建立并执行风险管理制度；

（三）未按照规定向国务院碳交易主管部门报送有关信息；

（四）开展违规的交易业务；

（五）泄露交易主体的商业秘密；

（六）其他违法违规行为。

第四十四条 对违反本办法第四十条至第四十一条规定而被处罚的重点排放单位，省级碳交易主管部门应向工商、税务、金融等部门通报有关情况，并予以公告。

第四十五条 国务院碳交易主管部门和省级碳交易主管部门及其工作人员，未履行本办法规定的职责，玩忽职守、滥用职权、利用职务便利牟取不正当利益或者泄露所知悉的有关单位和个人的商业秘密的，由其上级行政机关或者监察机关责令改正；情节严重的，依法给予行政处罚；构成犯罪的，依法追究刑事责任。

第四十六条 碳排放权交易各参与方在参与本办法规定的事务过程中，以不正当手段谋取利益并给他人造成经济损失的，依法承担赔偿责任；构成犯罪的，依法追究刑事责任。

第七章 附 则

第四十七条 本办法中下列用语的含义：

温室气体：是指大气中吸收和重新放出红外辐射的自然和人为的气态成分，包括二氧化碳（CO_2）、甲烷（CH_4）、氧化亚氮（N_2O）、氢氟碳化物（HFCs）、全氟化碳（PFCs）、六氟化硫（SF_6）和三氟化氮（NF_3）。

碳排放：是指煤炭、天然气、石油等化石能源燃烧活动和工业生产过程以及土地利用、土地利用变化与林业活动产生的温室气体排放，以及因使用外购的电力和热力等所导致的温室气体排放。

碳排放权：是指依法取得的向大气排放温室气体的权利。

排放配额：是政府分配给重点排放单位指定时期内的碳排放额度，是碳排放权的凭证和载体。1 单位配额相当于 1 吨二氧化碳当量。

重点排放单位：是指满足国务院碳交易主管部门确定的纳入碳排放权交易标准且具有独立法人资格的温室气体排放单位。

国家核证自愿减排量：是指依据国家发展和改革委员会发布施行的《温室气体自愿减排交易管理暂行办法》的规定，经其备案并在国家注册登记系统中登记的温室气体自愿减排量，简称 CCER。

第四十八条 本办法自公布之日起 30 日后施行。

附件 2：《温室气体自愿减排交易管理暂行办法》

第一章　总　则

第一条　为鼓励基于项目的温室气体自愿减排交易，保障有关交易活动有序开展，制定本暂行办法。

第二条　本暂行办法适用于二氧化碳（CO_2）、甲烷（CH_4）、氧化亚氮（N_2O）、氢氟碳化物（HFCs）、全氟化碳（PFCs）和六氟化硫（SF_6）等六种温室气体的自愿减排量的交易活动。

第三条　温室气体自愿减排交易应遵循公开、公平、公正和诚信的原则，所交易减排量应基于具体项目，并具备真实性、可测量性和额外性。

第四条　国家发展改革委作为温室气体自愿减排交易的国家主管部门，依据本暂行办法对中华人民共和国境内的温室气体自愿减排交易活动进行管理。

第五条　国内外机构、企业、团体和个人均可参与温室气体自愿减排量交易。

第六条　国家对温室气体自愿减排交易采取备案管理。参与自愿减排交易的项目，在国家主管部门备案和登记，项目产生的减排量在国家主管部门备案和登记，并在经国家主管部门备案的交易机构内交易。

中国境内注册的企业法人可依据本暂行办法申请温室气体自愿减排项目及减排量备案。

第七条　国家主管部门建立并管理国家自愿减排交易登记簿（以下简称“国家登记簿”），用于登记经备案的自愿减排项目和减排量，详细记录项目基本信息及减排量备案、交易、注销等有关情况。

第八条　在每个备案完成后的 10 个工作日内，国家主管部门通过公布相关信息和提供国家登记簿查询，引导参与自愿减排交易的相关各方，对具有公信力的自愿减排量进行交易。

第二章 自愿减排项目管理

第九条 参与温室气体自愿减排交易的项目应采用经国家主管部门备案的方法学并由经国家主管部门备案的审定机构审定。

第十条 方法学是指用于确定项目基准线、论证额外性、计算减排量、制订监测计划等的方法指南。

对已经联合国清洁发展机制执行理事会批准的清洁发展机制项目方法学，由国家主管部门委托专家进行评估，对其中适合于自愿减排交易项目的方法学予以备案。

第十一条 对新开发的方法学，其开发者可向国家主管部门申请备案，并提交该方法学及所依托项目的设计文件。国家主管部门接到新方法学备案申请后，委托专家进行技术评估，评估时间不超过60个工作日。

国家主管部门依据专家评估意见对新开发方法学备案申请进行审查，并于接到备案申请之日起30个工作日内（不含专家评估时间）对具有合理性和可操作性、所依托项目设计文件内容完备、技术描述科学合理的新开发方法学予以备案。

第十二条 申请备案的自愿减排项目在申请前应由经国家主管部门备案的审定机构审定，并出具项目审定报告。项目审定报告主要包括以下内容：

（一）项目审定程序和步骤；

（二）项目基准线确定和减排量计算的准确性；

（三）项目的额外性；

（四）监测计划的合理性；

（五）项目审定的主要结论。

第十三条 申请备案的自愿减排项目应于2005年2月16日之后开工建设，且属于以下任一类别：

（一）采用经国家主管部门备案的方法学开发的自愿减排项目；

（二）获得国家发展改革委批准作为清洁发展机制项目，但未在联合国清洁发展机制执行理事会注册的项目；

（三）获得国家发展改革委批准作为清洁发展机制项目且在联合国清洁发展机制执行理事会注册前就已经产生减排量的项目；

（四）在联合国清洁发展机制执行理事会注册但减排量未获得签发的项目。

第十四条 国资委管理的中央企业中直接涉及温室气体减排的企业（包括其下属企业、控股企业），直接向国家发展改革委申请自愿减排项目备案。具体名单由国家主管部门制定、调整和发布。

未列入前款名单的企业法人，通过项目所在省、自治区、直辖市发展改革部门提交自愿减排项目备案申请。省、自治区、直辖市发展改革部门就备案申请材料的完整性和真实性提出意见后转报国家主管部门。

第十五条 申请自愿减排项目备案须提交以下材料：

（一）项目备案申请函和申请表；

（二）项目概况说明；

（三）企业的营业执照；

（四）项目可研报告审批文件、项目核准文件或项目备案文件；

（五）项目环评审批文件；

（六）项目节能评估和审查意见；

（七）项目开工时间证明文件；

（八）采用经国家主管部门备案的方法学编制的项目设计文件；

（九）项目审定报告。

第十六条 国家主管部门接到自愿减排项目备案申请材料后，委托专家进行技术评估，评估时间不超过 30 个工作日。

第十七条 国家主管部门商有关部门依据专家评估意见对自愿减排项目备案申请进行审查，并于接到备案申请之日起 30 个工作日内（不含专家评估时间）对符合下列条件的项目予以备案，并在国家登记簿登记。

（一）符合国家相关法律法规；

（二）符合本办法规定的项目类别；

（三）备案申请材料符合要求；

（四）方法学应用、基准线确定、温室气体减排量的计算及其监测方法得当；

（五）具有额外性；

（六）审定报告符合要求；

（七）对可持续发展有贡献。

第三章 项目减排量管理

第十八条 经备案的自愿减排项目产生减排量后，作为项目业主的企业在向国家主管部门申请减排量备案前，应由经国家主管部门备案的核证机构核证，并出具减排量核证报告。减排量核证报告主要包括以下内容：

（一）减排量核证的程序和步骤；

（二）监测计划的执行情况；

（三）减排量核证的主要结论。

对年减排量 6 万吨以上的项目进行过审定的机构，不得再对同一项目的减排量进行核证。

第十九条 申请减排量备案须提交以下材料：

（一）减排量备案申请函；

（二）项目业主或项目业主委托的咨询机构编制的监测报告；

（三）减排量核证报告。

第二十条 国家主管部门接到减排量备案申请材料后，委托专家进行技术评估，评估时间不超过 30 个工作日。

第二十一条 国家主管部门依据专家评估意见对减排量备案申请进行审查，并于接到备案申请之日起 30 个工作日内（不含专家评估时间）对符合下列条件的减排量予以备案：

（一）产生减排量的项目已经国家主管部门备案；

（二）减排量监测报告符合要求；

（三）减排量核证报告符合要求。

经备案的减排量称为“核证自愿减排量（CCER）”，单位以“吨二氧化碳当量（t CO_2e）”计。

第二十二条 自愿减排项目减排量经备案后，在国家登记簿登记并在经备案的交易机构内交易。用于抵消碳排放的减排量，应于交易完成后在国家登记簿中予以注销。

第四章 减排量交易

第二十三条 温室气体自愿减排量应在经国家主管部门备案的交易机构内，依据交易机构制定的交易细则进行交易。

经备案的交易机构的交易系统与国家登记簿连接，实时记录减排量变更情况。

第二十四条 交易机构通过其所在省、自治区和直辖市发展改革部门向国家主管部门申请备案，并提交以下材料：

（一）机构的注册资本及股权结构说明；

（二）章程、内部监管制度及有关设施情况报告；

（三）高层管理人员名单及简历；

（四）交易机构的场地、网络、设备、人员等情况说明及相关地方或行业主管部门出具的意见和证明材料；

（五）交易细则。

第二十五条 国家主管部门对交易机构备案申请进行审查，审查时间不超过 6 个月，并于审查完成后对符合以下条件的交易机构予以备案：

（一）在中国境内注册的中资法人机构，注册资本不低于 1 亿元人民币；

（二）具有符合要求的营业场所、交易系统、结算系统、业务资料报送系统和与业务有关的其他设施；

（三）拥有具备相关领域专业知识及相关经验的从业人员；

（四）具有严格的监察稽核、风险控制等内部监控制度；

（五）交易细则内容完整、明确，具备可操作性。

第二十六条 对自愿减排交易活动中有违法违规情况的交易机构，情节较轻的，国家主管部门将责令其改正；情节严重的，将公布其违法违规信息，并通告其原备案无效。

第五章　审定与核证管理

第二十七条 从事本暂行办法第二章规定的自愿减排交易项目审定和第三章规定的减排量核证业务的机构，应通过其注册地所在省、自治区和直辖市发展改革部门向国家主管部门申请备案，并提交以下材料：

（一）营业执照；

（二）法定代表人身份证明文件；

（三）在项目审定、减排量核证领域的业绩证明材料；

（四）审核员名单及其审核领域。

第二十八条 国家主管部门接到审定与核证机构备案申请材料后，对审定与核证机构备案申请进行审查，审查时间不超过 6 个月，并于审查完成后对符合下列条件的审定与核证机构予以备案：

（一）成立及经营符合国家相关法律规定；

（二）具有规范的管理制度；

（三）在审定与核证领域具有良好的业绩；

（四）具有一定数量的审核员，审核员在其审核领域具有丰富的从业经验，未出现任何不良记录；

（五）具备一定的经济偿付能力。

第二十九条 经备案的审定和核证机构，在开展相关业务过程中如出现违法违规情况，情节较轻的，国家主管部门将责令其改正；情节严重的，将公布其违法违规信息，并通告其原备案无效。

第六章 附 则

第三十条 本暂行办法由国家发展改革委负责解释。

第三十一条 本暂行办法自印发之日起施行。

附：可直接向国家发展改革委申请自愿减排项目备案的中央企业名单

1. 中国核工业集团公司
2. 中国核工业建设集团公司
3. 中国化工集团公司
4. 中国化学工程集团公司
5. 中国轻工集团公司
6. 中国盐业总公司
7. 中国中材集团公司
8. 中国建筑材料集团公司
9. 中国电子科技集团公司
10. 中国有色矿业集团有限公司
11. 中国石油天然气集团公司
12. 中国石油化工集团公司
13. 中国海洋石油总公司

14. 国家电网公司
15. 中国华能集团公司
16. 中国大唐集团公司
17. 中国华电集团公司
18. 中国国电集团公司
19. 中国电力投资集团公司
20. 中国铁路工程总公司
21. 中国铁道建筑总公司
22. 神华集团有限责任公司
23. 中国交通建设集团有限公司
24. 中国农业发展集团总公司
25. 中国林业集团公司
26. 中国铝业公司
27. 中国航空集团公司
28. 中国中化集团公司
29. 中粮集团有限公司
30. 中国五矿集团公司
31. 中国建筑工程总公司
32. 中国水利水电建设集团公司
33. 国家核电技术有限公司
34. 中国节能投资公司
35. 华润（集团）有限公司
36. 中国中煤能源集团公司
37. 中国煤炭科工集团有限公司
38. 中国机械工业集团有限公司
39. 中国中钢集团公司
40. 中国冶金科工集团有限公司
41. 中国钢研科技集团公司
42. 中国广东核电集团
43. 中国长江三峡集团公司

附件 3：《巴黎协定》市场机制部分译文

一、《巴黎协定》第六条

1. 缔约方认识到，一些缔约方可以选择自愿合作来实现他们的国家自主贡献，以能够提高他们减缓和适应行动的力度，并促进可持续发展和环境完整性。

2. 缔约方如果在自愿基础上采取合作方式，并涉及使用国际转让的减缓成果来实现国家自主贡献，应促进可持续发展，确保环境完整性和透明度，包括在治理方面；并在《巴黎协定》缔约方会议指导下，运用稳健的核算方法以避免重复核算。

3. 使用国际转让的减缓成果来实现本协定下的国家自主贡献，应是自愿的，并得到参加的缔约方的允许。

4. 兹在《巴黎协定》缔约方会议的授权和指导下，建立一个机制，供缔约方自愿使用，以促进温室气体排放的减缓，支持可持续发展。它应受《巴黎协定》缔约方会议指定的一个机构监督，应旨在：

（a）促进减缓温室气体排放，同时促进可持续发展；

（b）激励和促进缔约方授权下的公私实体参与减缓温室气体排放；

（c）促进东道缔约方减少排放量，并从减缓活动产生的减排中受益，产生的减排量可被另一缔约方用于履行其国家自主贡献；

（d）实现全球排放的总体减缓。

5. 本条第 4 款所述的机制产生的减排，如果被另一缔约方用于实现国家自主贡献，则不应再被用于实现东道缔约方自主贡献。

6. 《巴黎协定》缔约方会议应确保本条第 4 款所述机制下开展的活动所产生的一部分收益用于负担行政成本，以及援助特别易受气候变化不利影响的发展中国家缔约方支付适应费用。

7. 《巴黎协定》缔约方会议应在第一届会议上通过本条第 4 款所述机制的规则、模式和程序。

二、通过《巴黎协定》的决定

37. 请附属科学技术咨询机构拟订并作为建议提出本协定第6条第2款所述的指南，供《巴黎协定》缔约方会议第一届会议通过，包括旨在确保以缔约方对其在本协定下的国家自主贡献所涵盖的人为排放和碳汇清除两方面做出的相应调整为基础、避免重复计算的指南。

38. 建议《巴黎协定》缔约方会议通过根据本协定第6条第4款设立的机制的规则、模式和程序，以下列内容为基础：

（a）经每一相关缔约方授权自愿参加；

（b）与减缓气候变化相关的真实的、可测量的、长期的效益；

（c）特定范围的活动；

（d）减排量具有额外性；

（e）减排量的审定与核查由指定的经营实体开展；

（f）《公约》及其相关法律文书通过的现有机制和方法的经验和教训。

39. 请附属科学技术咨询机构拟订并作为建议提出以上第38款所述机制的规则、模式和程序，供《巴黎协定》缔约方会议第一届会议审议通过。